北京自然观察手册

野花

王辰　吴昌宇　著

北京出版集团
北京出版社

图书在版编目（CIP）数据

野花 / 王辰，吴昌宇著 . — 北京 ：北京出版社，
2021.10
（北京自然观察手册）
ISBN 978-7-200-16076-5

I.①野… II.①王… ②吴… III.①野生植物 — 花
卉 — 普及读物 IV.①Q949.4-49

中国版本图书馆 CIP 数据核字（2020）第 233334 号

北京自然观察手册
野花
王辰　吴昌宇　著

＊

北　京　出　版　集　团　出版
北　京　出　版　社

（北京北三环中路 6 号）
邮政编码：100120

网　　　　址：www.bph.com.cn
北 京 出 版 集 团 总 发 行
新　华　书　店　经　销
北京瑞禾彩色印刷有限公司印刷

＊

145 毫米 ×210 毫米　9.125 印张　233 千字
2021 年 10 月第 1 版　2022 年 7 月第 2 次印刷
ISBN 978-7-200-16076-5
定价：68.00 元

如有印装质量问题，由本社负责调换
质量监督电话：010-58572393

序

　　北京的大都市风貌固然令人流连忘返，然而北京地区的大自然也一样充满魅力，非常值得我们怀着好奇心去探索和发现。应邀为"北京自然观察手册"丛书做序，我感到非常欣慰和义不容辞。

　　这套丛书涵盖内容广泛，包括花鸟虫鱼、云和天气、矿物和岩石等诸多分册，集中展示了北京地区常见的自然物种和自然现象。可以说，这套丛书不仅非常适合指导各地青少年及入门级科普爱好者进行自然观察和实践，而且也是北京市民真正了解北京、热爱家乡的必读手册。

　　作为一名古鸟类研究者，我想以丛书中的《鸟类》分册为切入点，和广大读者朋友们分享我的感受。

　　查看一下我书架上有关中国野外观察类的工具书，鸟类方面比较多，最早的一本是出版于2000年的《中国鸟类野外手册》，还是外国人编写的，共描绘了1329种鸟类；2018年赵欣如先生主编的《中国鸟类图鉴》，收录1384种鸟类；2020年刘阳、陈水华两位学者主编的《中国鸟类观察手册》，收录鸟类增加到1489种。仅从数字上，我们就能看出中国鸟类研究与观察水平的进步。

近年来，在全国各地涌现了越来越多的野外观察者与爱好者。他们走进自然，记录一草一木、一花一石，微信朋友圈里也经常能够欣赏到一些精美的照片，实在令人羡慕。特别是某些城市，甚至校园竟然拥有他们自己独特的自然观察手册。以鸟类观察为例，2018年出版的《成都市常见150种鸟类手册》受到当地自然观察者的喜爱。今年4月，我参加了苏州同里湿地的一次直播活动，欣喜地看到了苏州市湿地保护管理站依据10年观测记录，他们刚刚出版了《苏州野外观鸟手册》，记录了全市374种鸟类。我还听说，多个湿地的观鸟者们还主动帮助政府部门，为鸟类的保护做出不少实实在在的工作。去年我在参加北京翠湖湿地的活动时，看到许多观鸟者一起观察和讨论，大家一起构建的鸟类家园真让人流连忘返。

北京作为全国政治、文化和对外交流的中心，近年来在城市绿化和生态建设等方面取得长足进展，城市的宜居性不断改善，绿色北京、人文北京的理念也越来越深入人心。我身边涌现了很多观鸟爱好者。在我们每天生活的城市中观察鸟类，享受大自然带给我们的乐趣，在我看来，某种意义上这代表了一个城市，乃至一个国家文明的进步。我更认识到，在北京的大自然探索观赏中，除了观鸟，还有许多自然物种和自然现象值得我们去探究及享受观察的乐趣。

"北京自然观察手册"丛书正是一套致力于向读者多方面展现北京大自然奥秘的科普丛书，涵盖动物植物、矿物和岩石以及云和天气等方方面面，可以说是北京大自然的"小百科"。

丛书作者多才多艺、能写能画，是热心科普与自然教育的多面手。这套书缘自不同领域的10多位作者对北京大自然的常年观察与深入了解。他们是自然观察者，也是大自然的守护者。我衷心希望，丛书的出版能够吸引更多的参与者，无论是青少年，还是中老年朋友们，加入到自然观察者、自然守护者的行列，从中享受生活中的另外一番乐趣。

人类及其他生命均来自自然，生命与自然环境的协同发展是生命演化的本质。伴随人类文明的进步，我们从探索、发现、利用（包括破坏）自然，到如今仍在学习要与自然和谐共处，共建地球生命共同体，呵护人类共有的地球家园。万物有灵，不论是尽显生命绚丽的动物植物，还是坐看沧海桑田的岩石矿物、转瞬风起云涌的云天现象，完整而真实的大自然在身边向我们诉说着一个个美丽动人的故事，也向我们展示着一个个难以想象的智慧，我们没有理由不再和它们成为更好的朋友。当今科技迅猛发展，科学与人文的交融也应受到更多关注，对自然的尊重和保护无疑是人类文明进步的重要标志。

最后，我希望本套丛书能够受到广大读者们的喜爱，也衷心希望在不远的将来，能够看到每个城市、每座校园都拥有自己的自然观察手册。

演化生物学及古鸟类学家

中国科学院院士

目 录

野花观察指导

去哪里看野花

1 城市小区

    在城市小区中，一般都有一定面积的绿化区域，由于这些地方大多比较干燥，所以生长的植物也以耐旱类型为主。比如草坪上常有酢浆草、蒲公英、附地菜、早开堇菜、荠菜等；在墙根、石缝、瓦缝等环境中，有时也会有野花生长，如地黄、瓦松等；在背阴、较潮湿的环境里，也有不一样的野花，如鸭跖草等。

城市小区中的早开堇菜

城市小区中的蒲公英

2 城市公园

城市公园中的绿化面积大，环境也比较多样，所以野花的种类和数量一般也比城市小区多，有时会形成大片景观，如天坛公园春季的诸葛菜花海、奥林匹克森林公园中成片的抱茎苦荬菜。除了城市小区中常见的物种外，城市公园里有时还会因为人工种植花木而携带一些城区少见的种类，如奥林匹克森林公园的池塘中可以看到狸藻。原本北京仅有野生的弯距狸藻，狸藻是随着栽种的水生植物而来的，如今在夏季可形成较大的群落。

城市公园中的诸葛菜

3 低海拔山林

北京的山区面积约占全市的 60%，在不同的海拔，分布着不同的植被，也能够看到不同的野花。本书中将海拔低于 500 米的区域称为"低海拔地区"。在低海拔地区的草地和路边，经常可以看到角蒿、米口袋、大花野豌豆等野花。春季比较适宜去低海拔山林观察野花，大丁草、桃叶鸦葱、白头翁、蚂蚱腿子等野花都具观赏价值。要是想看比较有特色的小药八旦子花海，可以去香山、金山等地的低海拔山林。

低海拔山林中的白屈菜　　　　低海拔山林中的白头翁

4 中高海拔山林

　　一般来说，海拔每升高100米，平均气温会下降0.6摄氏度，在500～2000米的中高海拔地区，植物的种类也会与低海拔地区有很大差异。六道木、照山白、迎红杜鹃等灌木，以及铃兰、玉竹、

　　　　　　　　　　　中高海拔山林中的迎红杜鹃

柳兰、二叶舌唇兰等草本植物都常见于中高海拔山林之中。如果再细分的话，不同的坡向、湿度、林相，都会对植物种类有很大影响。在不同季节，中高海拔山林中的野花种类也不相同，从春末直到秋季，这里都是看野花的理想地点。

5 亚高山草甸

在百花山、东灵山、海坨山等高山的山顶上，可以见到亚高山草甸，这里的植物以草本植物为主，在夏季至初秋，都能见到许多艳丽的野花，如翠雀、野罂粟、金莲花、银莲花、蓝盆花等。北京花开得最大的野生兰花——大花杓兰，也可在亚高山草甸见到。

亚高山草甸的银莲花

亚高山草甸环境

6 湿地

北京的湿地类型主要为河流、池塘、湖泊和水库。在水中，可以看到花蔺、野慈姑、莕菜等水生植物。在岸边，距离水体越远，土壤含水量越低，湿生植物群落也能看到明显变化，如薄荷、千屈菜等一般离水较近，蛇床、旋覆花等一般离水较远。在一些山间溪流中，还能看到水芹、豆瓣菜、水毛茛、北京水毛茛等喜欢洁净浅水环境的植物。

湿地中的莕菜

湿地环境

7 岩壁

　　在北京房山、门头沟等地区，有很多石灰岩质山岩，山体自然崩落或是开山修路后，会形成裸露岩壁，在这里可以见到一些北京特有的岩生植物，比如被称为"北京早春岩壁三宝"的槭叶铁线莲、独根草、房山紫堇，就生长在这样的环境中。此外，一些沟谷的岩壁上，也可见到山丹、野鸢尾等植物。

岩壁上的槭叶铁线莲

岩壁上的独根草

怎样观察野花

1 直观可见的结构

观察野花时，尽量不要对植物和环境造成破坏，减少不必要的影响，因此我们建议最重要的是观察野花"直观可见的结构"——也就是仅靠眼睛观察，不动手或少动手就能够看清的结构或特征。当然，你也可以在专家或老师的指导下进行深度观察或记录，这时需要动手操作。

在野外观察野花

1.1 植物的整体特征和习性

见到一种植物，我们首先可以判断，它应属于草本植物还是木本植物。草本植物的地上茎为草质，而木本植物的地上茎全部或部分为木质。木本植物也可分为乔木、灌木，乔木指具有主干、高通常超过 5 米的木本植物；灌木通常没有明显主干，多分枝，高不超过 5 米。此外，我们也可以大致估测植株的高度。

酸性土壤环境中的迎红杜鹃

不同种类的植物，对周围的各种环境因素（如海拔、光照、水分、温度、土壤性质以及周围的其他生物等），有着不同的需求和适应能力，这些就是通常所说的植物习性。如果周围的环境因素和植物的习性相差过大，植物便无法生存或者长势不佳。如北京的几种杜鹃花科植物多生于pH5.5 左右的酸性土壤中，pH 过高会影响它们对铁的吸收；黄花列当主要寄生在蒿属植物的根系上，如果周围没有寄主，种子萌发后会很快死亡；槭叶铁线莲只生长在石灰岩质的石缝里，在其他环境中都无法生长。

在有些情况下，我们可以通过观察植物的形态来推测它的习性。比如通过瓦松茎叶肉质，可以推测它比较耐干旱。有时候，通过对植物习性的了解也能帮助我们鉴别种类，比如附地菜和钝萼附地菜外观很相似，但是附地菜一般分布在低海拔地区，而钝萼附地菜多长在海拔较高的地方。

瓦松

1.2 植物的结构

绝大多数的植物都有六大器官，即根、茎、叶、花、果实和种子。少数植物会缺少六大器官中的某个或某些，比如狸藻无根，菟丝子无叶。

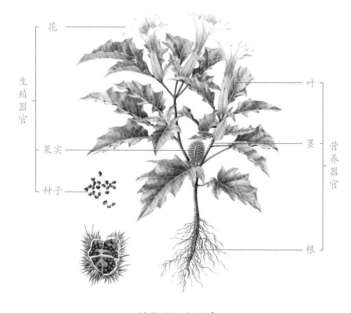

植物的六大器官

植物的根一般扎在土壤等基质里，起到固定植物体和吸收水分、无机盐的作用，主要有直根系和须根系两种根系类型，也有贮藏根、攀援根、寄生根等变态类型。我们不将植物拔出时，通常无法直接观察到根的形态，但一些特殊类型的根（如攀援根、寄生根）是可以直接观察的。

| 直根系 | 须根系 | 寄生根 | 攀援根 | 贮藏根 |

茎通常起到支撑植物体、连接根和其他器官、运输和贮存营养物质的作用。值得注意的是，不同植物的茎，形态和结构差异很大。比如很多植物的块茎、鳞茎、球茎、根状茎都生长在地下，很容易被误认为是根；水生植物狸藻的茎上长出很多羽状分裂的"叶器"，外观和功能都和叶相似，但并不是叶。区分茎、根和叶可以看"节"：茎上会分很多节，而根和叶不会。

节间　节

　节　　鳞茎　　根状茎　　球茎　　块茎

大部分植物的叶，最重要的功能是蒸腾作用和通过光合作用制造有机营养物质。叶的结构、形态和叶序，都是鉴定物种的重要依据。完全的叶由托叶、叶柄和叶片3个部分构成，也有很多植物的叶，缺少其中的一个或两个结构。

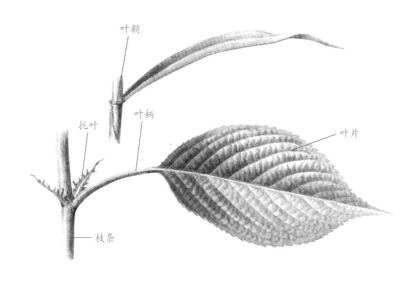

叶的结构

　　有些植物在一个叶柄上只有一个叶片，这样的叶叫作"单叶"，也有些植物的一个叶柄上生有两个至很多个小叶片，这样的叶叫作"复叶"。不同的叶片又有着各种各样的形状，称为"叶形"。

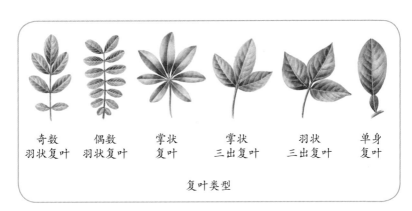

| 奇数
羽状复叶 | 偶数
羽状复叶 | 掌状
复叶 | 掌状
三出复叶 | 羽状
三出复叶 | 单身
复叶 |

复叶类型

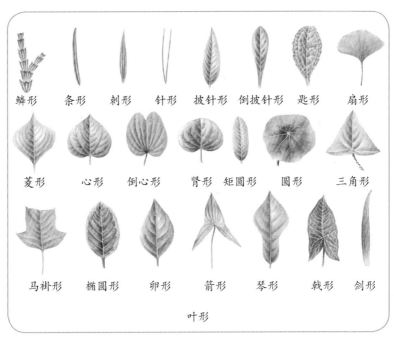

| 鳞形 | 条形 | 刺形 | 针形 | 披针形 | 倒披针形 | 匙形 | 扇形 |

| 菱形 | 心形 | 倒心形 | 肾形 | 矩圆形 | 圆形 | 三角形 |

| 马褂形 | 椭圆形 | 卵形 | 箭形 | 琴形 | 戟形 | 剑形 |

叶形

　　一般来说，密集生长在茎的基部或者是极度短缩的茎上、非常靠近地面位置的叶，称为基生叶；生长在伸长的茎节上的叶，称为茎生叶。叶序就是叶片在茎上的着生方式，主要有互生、对生、轮生、簇生几种。大部分植物全株的叶序都一致，但也有例外，比如角蒿下部的叶多为对生，侧枝上的叶多为互生。

互生　　　　　对生　　　　　轮生　　　　　簇生

叶序

芒尖　锐尖　尾尖　骤尖　渐尖　钝形　凸尖　微凹　截形　倒心形

叶尖

楔形　耳形　截形　渐狭　圆钝　偏斜　戟形　箭形　心形　下延

叶基

全缘　曲波缘　凸波缘　凹波缘　锯齿缘　齿缘　细锯　重锯　睫状缘
　　　　　　　　　　　　　　　　　　　　齿缘　齿缘

叶缘

掌状浅裂　掌状深裂　掌状全裂　羽状浅裂　羽状深裂　羽状全裂

叶分裂

以上说到的叶序、叶形，以及叶片边缘、基部、顶部的特征，还有叶片的颜色、是否有毛或其他附属物等，都是识别植物或区分物种的重要特征，大多可以直接观察到。

花、果实和种子是被子植物的繁殖器官。一般来说，植物开花后完成传粉，然后发育形成果实，果实中的种子会发育成新个体。由于我们着重介绍野花，因此下面会详细说一说花的结构。果实和种子也同样是识别植物的重要特征，在本书中，我们会介绍一些值得观察的果实或种子。

1.3 花的结构

被子植物的花，实际上是高度特化的枝条："枝条"中茎的下半部分就是花柄，不同植物的花柄有长有短，形态不一；"枝条"上半部分是花托，上面有花萼、花冠、雄蕊群、雌蕊群4个参与繁殖的主要结构。

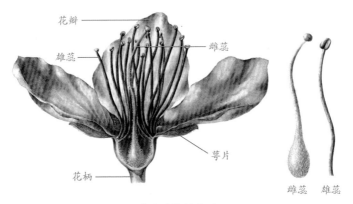

花的结构模式图

花萼由彼此分离或合生的萼片组成，位于花的最外一轮，通常是绿色的，与叶相似。但也有一些植物的花萼颜色鲜艳，比较醒目，有着与花瓣类似的形态和功能。有的花萼会合生在一起，只在顶端分裂；有的会合生成筒状；还有的是完全分离的数枚萼片。

花冠由彼此分离或合生的花瓣组成，位于花萼内轮，颜色和形状多样，通常鲜艳、薄软，起到吸引昆虫传粉的作用。有的花冠并不是彼此分离而是合生在一起的，如果花冠下部合生、上部分裂，我们通常把分裂的部分叫作花冠裂片。

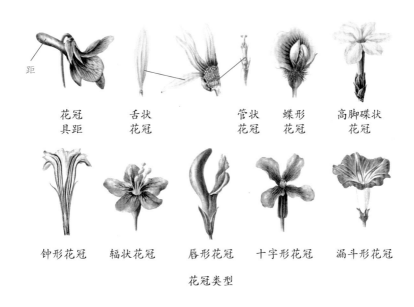

花冠 具距	舌状 花冠	管状 花冠	蝶形 花冠	高脚碟状 花冠
钟形花冠	辐状花冠	唇形花冠	十字形花冠	漏斗形花冠

花冠类型

　　花萼与花冠合称为花被。有些植物的花被，并不能明显区分出谁是花萼，谁是花瓣，我们也可以把花被裂片统称为花被片。

　　雄蕊群位于花冠之内，通常由数个雄蕊组成。每个雄蕊通常都有花丝和花药两部分，花药可以释放出花粉。

　　雌蕊群通常位于花朵中央，由一个或多个雌蕊组成。雌蕊包括柱头、花柱、子房3个部分，柱头用来接受花粉，而子房的子房壁发育为果实的果皮。

　　雄蕊释放的花粉，落在雌蕊的柱头上，这一过程称作传粉。传粉成功后，子房的子房壁会发育为果皮，子房内的胚珠发育成种子。种子和果皮合在一起就是果实。有些植物的花托、花萼等结构也会参与到果实形成之中。

有些植物的花，具有花萼、花冠、雄蕊群、雌蕊群所有结构，被称为完全花，如桃花。也有些植物的花缺少其中的一个或几个结构，被称为不完全花，如白头翁没有花瓣。在一朵花中，同时具有雌蕊和雄蕊的称作两性花，只有雌蕊或者只有雄蕊的称作单性花。在单性花的植物里，如果雌花和雄花长在同一植株上，叫作雌雄同株，如果雌花和雄花长在不同植株上，叫作雌雄异株。

桃花——完全花　　　　白头翁——不完全花

野慈姑的雌花——单性花　　野慈姑的雄花——单性花

　　有些植物的花是单独一朵生长的，称作花单生。很多植物的花都不是单独生长的，而是多朵花按照一定的方式生长在一个轴状结构上，这就叫作花序。植物的花序分很多种。

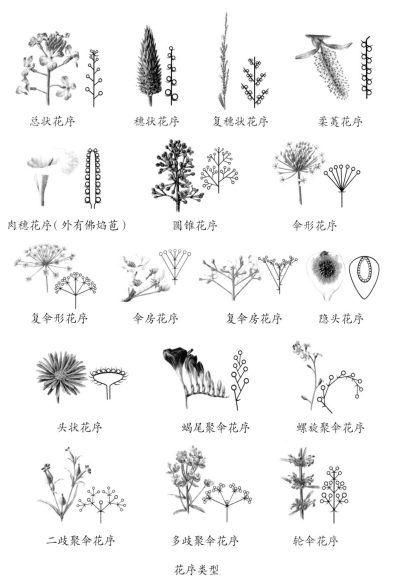

总状花序　　　　穗状花序　　　　复穗状花序　　　　柔荑花序

肉穗花序（外有佛焰苞）　　　圆锥花序　　　　伞形花序

复伞形花序　　　伞房花序　　　复伞房花序　　　隐头花序

头状花序　　　　蝎尾聚伞花序　　　螺旋聚伞花序

二歧聚伞花序　　　多歧聚伞花序　　　轮伞花序

花序类型

　　植物的花序和花朵形态都是非常重要的鉴别特征。本书中，我们会选取最直观、最易观察到的特征来着重表述，如花的颜色、花瓣（或花被片、花冠裂片等）的数量、比较特殊的花序类型等。

2 时间线观察

有时我们只能在某一个时刻，观察一株野花，这样的观察可以很细致。但除此之外，我们也可以在不同的时间线上，对同一株或同一种野花进行观察。有时，我们只有选择合适的时间和季节，才能够看到野花最显著的特征。

2.1 一天内不同时间段的观察

有些植物在一天中的不同时间，花朵和茎叶状态会发生变化。比如圆叶牵牛多为清晨到上午开花；马齿苋的花到中午随着日晒盛开，日落时就会凋萎，通常这些现象和它们的传粉方式密切相关。在合适的时间观察野花，有时能够看到昆虫等动物传粉的过程。

上午时观察圆叶牵牛　　　　　　下午时观察圆叶牵牛

2.2 不同季节的观察

每种植物在不同的季节里，都会表现出不同的物候特点，有些植物只适合在特定的季节观察。比如款冬、白头翁等早春开花的植物，它们会抢在树木还没展叶的季节开花、结果、散播种子，避免被茂密的树木枝叶遮阴。等到夏季，它们就进入休眠或是仅存几片叶子了。

有些时候，花期也可以作为辅助鉴定物种的依据。比如火绒草的花期较早，而绢茸火绒草的花期较晚，除了通过植物结构特点辨认外，也可通过花期来辅助鉴别。

白头翁的生长过程

早春时观察白头翁

初夏时观察白头翁

　　还有些植物在不同的季节，植株形态会发生变化。比如诸葛菜，秋季植株和春季植株的叶片形态、叶序都有明显不同；大丁草在春季的花序中，同时具有舌状花和管状花这两种花，而秋季的花序中只有管状花一种；堇菜属植物在春、秋季花会正常开放，而在夏季，它们的花往往不开放，直接发育成果实。

3 野花与环境

　　除了观察野花本身之外，还可以详细观察它们所在的环境。有些植物为了适应环境，形态特征和习性都会随之改变。即使同一种植物，有时在不同的环境里，形态也有所不同，例如在向阳干旱的环境中叶片较细，而在背阴潮湿的环境中，叶片就比较宽大。此外，在观察野花时，它们与动物和人类的相互关系，也是值得我们去记录和思考的。

3.1 野花与动物

植物和动物都是生态系统中的重要组成部分，我们在观察野花时，常常可以看到与野花关系密切的动物。有些动物是栖息于某类植物上或是专以某类植物为食，比如在萝藦上常见萝藦肖叶甲；绿带翠凤蝶的幼虫取食黄檗树叶；冰清绢蝶的幼虫取食紫堇属植物的叶片。

取食黄檗树叶的绿带翠凤蝶幼虫

植物并非单纯地给动物提供住所和食物，很多植物也利用动物传播花粉，它们的花朵上有蜜导、蜜腺等结构，在吸引动物采蜜的同时，也帮助自己传粉。其中，不少植物的花都有着十分精巧的结构，与传粉动物高度适应。比如点地梅属中的许多物种主要依靠蝇类传粉，蝇类对黄色敏感，对红色不敏感。它们的花在初开之时，花蜜多，花粉也能大量释放，花中央呈黄色，可以吸引蝇类前来。等到传粉过后，原来黄色的区域就会变红，对蝇类吸引力减弱，可以减少传粉者走冤枉路的次数，从而提高自己的传粉效率。

也有些植物能够捕捉甚至杀死动物，比如萝藦的花有着特殊的合蕊冠结构，蝶类和蛾类在吸取花蜜时，口器有时会夹在花里无法摆脱，所以在萝藦花上时常能够看到蝶、蛾的尸体。狸藻是水生的食肉植物，它们可以通过捕虫囊来捕捉小型水生动物，消化后摄取氮、磷等无机营养。

地黄的蜜导　　　　　　　　　点地梅属植物花色的变化

也有些植物可以依靠动物来传播果实或种子。例如，牛蒡的整个果序都可以通过钩刺粘在动物的皮毛上；婆婆针的瘦果也有倒刺状的结构，可以被动物皮毛带走；白屈菜、小药八旦子等植物的种子上有油质体，吸引蚂蚁前来取食，蚂蚁会把种子搬回蚁巢，相当于帮助种子传播。

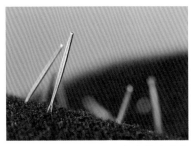

婆婆针的果实　　　　　　　　白屈菜的种子

3.2 野花与人

人类也是生态系统中的一环，同样和野花有着千丝万缕的联系，尤其在北京，很多野花都和人们的生活、文化息息相关。

比如，过去北京天坛外坛的墙根下野花野草很多，据史书记载，明清时期，神乐署的道士就已经开始就地采集益母草，熬成药膏出售，一时生意兴隆，直到嘉庆年间才被下令减少采集。从民国时期开始，民间又有风俗，夏至当天去天坛城墙根挖马齿苋吃，称之为"长命菜"。到了今天，天坛已成为文物保护单位，花草不能随意采挖，春天的诸葛菜花海又成了京城一大胜景，吸引了众多游人观赏、拍照。

清朝道士在天坛　　民国时期的百姓　　现在的游客去天坛
采集益母草　　　在天坛挖马齿苋　　观赏诸葛菜花海

　　有些野花原本就生长在人类居住的区域，它们和人类的关系更为密切。蒲公英的果实依靠风力传播，但小孩子喜欢把这些"小伞"吹走。地黄的花冠基部有花蜜，小孩子摘下可以吃到一点点甜味。酢浆草的果实成熟后会炸裂，有些人喜欢去捏它们将要成熟的果实。

吹蒲公英

捏酢浆草果实

吃地黄

3.3 野花与环境的关系

我们平时说的野花，一般指的是野生的灌木和草本植物。它们和树木一样，都是生态系统中重要的生产者，通过光合作用固定太阳光能，吸收二氧化碳，制造氧气和有机营养物质，给其他生物提供了生命所需的氧气和食物，同时也维持了生态系统中碳、氮等物质的循环以及生态系统的平衡与稳定。

人工湿地环境

在山区，野花还起到了减少水土流失的作用，它们的根系可以固定土壤颗粒，减少风雨对地面土壤的侵蚀。很多新开辟的山区公路，还会特地在边坡种植植物，依靠植物根系来防止山体滑坡。

很多水生植物都可以消耗和富集水体污染物，如香蒲、芦苇、水葱等，它们是水体自净能力的重要组成部分。在湿地生态恢复工作中，人们也常常有意地种植水生植物，利用它们来处理污水。

野花不仅能影响环境，环境的变化也能反映在野花上。比如 21 世纪初，北京干旱少雨，官厅水库的水位持续降低，原有的湿生植被被旱生植被所取代，甚至一些原本生活在较高海拔地区的植物，例如火绒草，都扩散到了之前的水库库区。而在 2016 年、2017 年这些丰水的年份之中，很多水域的水位升高，岸边土壤含水量也变大了，野花的类群分布也随之发生了变化。

4. 可使用的工具

除了用肉眼观察野花之外，有时候我们也可以使用一些工具，更加准确地判断野花的颜色、高度等特征。还有一些工具，则可以用来观察肉眼难以看清的特征或状况。

比色卡： 比色卡可以用于比对植物的颜色。有些颜色我们仅靠观察，在判断上可能有误差，例如紫红色和蓝紫色，到底这两种颜色的界线在哪里呢？这时可以利用比色卡来对比。

用比色卡对比植物颜色

直尺或其他长度测量工具： 通常观察野花时，它的植株高度通过估算就可以看出，不需要专门测量，但有时近似的植物种类，需要比对某些结构的长度或大小，依此来具体判断。这时可能会用到长度测量工具。

用直尺测量植物高度

放大镜：放大镜是在野外观察时最常用的工具，可以用来观察植物表面的一些细小结构，例如毛的形态、果实或种子表面的花纹等。使用时，要注意采取正确的方法，即让镜片靠近眼睛，调整植物和镜片之间的距离，直到观看清晰。需要注意的是，不能用放大镜对着太阳观察！

用放大镜观察植物

显微镜：在野外观察野花时，我们通常不会用到显微镜，但有些植物的细微结构，即使用放大镜也不容易看清，比如狸藻的捕虫囊、伞形科植物果实表面的纵棱形态和数量。这时候就需要用到显微镜。对于观察植物来说，选用体视显微镜一般就够了，只有在观察植物的内部结构时，才需要使用光学显微镜。

用显微镜观察植物

　　望远镜：有些野生植物生长在人无法靠近的地方，比如崖壁上的独根草、槭叶铁线莲，或者河流、湖泊中的水生植物，这时候就可以用望远镜观察。有时为了观察昆虫传粉，不宜离植物太近，也可以使用望远镜。

用望远镜观察植物

怎样记录野花

1 文字描述

　　如果对植物学知识比较了解，可以按照植物学中的术语来描述植物的形态。如果了解不多，可以用自己方便回忆、理解的语言，把植物的特点先记录下来，事后再查。例如，附地菜和斑种草都具有较小的蓝色花，附地菜植株几乎无毛，斑种草明显具毛，可以简单将它们记录为"小蓝"和"毛小蓝"，之后再详细按照特征查阅书籍和资料。

2 摄影和绘图

　　现在手机、相机等摄影器材已经十分普及了，遇到不认识的植物，可以很方便地拍摄下它们的形态特征，以备事后鉴别。

　　在拍摄的时候，除了拍下花朵以外，最好再从多个角度拍摄植物的各部分细节，因为很多形态相似的种类，都是依据某些细微特征来区分的。拍摄的角度越多，越便于之后的鉴定和查证。此外，除了拍摄植物本身，也可以拍两张植物生长的环境，这样也有助于识别。

以拍摄的方式记录野花

拍摄时，如果为了识别物种，照片的"景深"应尽量大一些，也就是植物的整体都尽量清晰，而不是虚化掉背景和植物体的一部分，仅仅让另一部分（如花朵或花蕊）保持清晰。如果是为了照片的美观，则可以根据自己的喜好与审美，任意拍摄。

记录植物物种时，请尽量用照片的形式，而不要选用视频。因为视频能够放大查看细节的程度有限，不如照片。如果为了识别物种，照片也尽量选用最大尺寸。

如果用手机拍摄，有可能会遇到拍摄目标过小，导致自动对焦对不准的情况。这时可以用硬币、银行卡等轮廓清晰的物体作为辅助物，放置于拍摄目标旁边，把焦点对到上面，然后再把辅助物移走，这时手机就能把目标清晰地拍摄下来。

在植物学研究中，绘图也是很重要的内容，即便如今拍照片已十分便捷，绘图也不可或缺。因为照片往往不能反映出植物各部分的结构特点，而绘图却可以做到。生物学绘图有一些标准和技术，需要经过长时间的训练，作为初学者不必强求，但是可以尝试把所见植物的株形、叶形、花的形状和颜色等画下来，配合文字和照片，以备日后鉴定。这样的绘图也是一个认真观察的过程，通过绘图记录植物，对植物的认识会更加深刻。

　　　　　　　　　　　以绘图的方式记录野花

如果在老师或专家的指导下，要进行一些深入的研究，就有可能需要制作植物标本。通常我们不提倡个人采集和制作植物标本，仅仅用眼睛观察，用拍照或绘图的方式记录就可以。

3.1 标本采集的意义

植物标本对于植物学研究来说意义重大，因为它直接保存了植物体，只要保存状况良好，就可以长期供人研究、比对。如果要发表植物新种，必须要有一个"模式标本"（一个物种或物种以下级别的分类群名称在国际上合格发表时，所依据的标本）。即使是已经确定物种的植物标本，有时也能从中找到新发现。比如在 2017 年，植物学者发表了一个新物种——长柱斑种草，但其实最早的一份标本早在 1930 年就已经采集制作了，只不过当时把它鉴定成了其他物种。

3.2 标本的保存

做好的植物标本，应该在适宜的条件下妥善保存。如果是腊叶标本，需要保存在通风干燥的室内标本柜里。如果是浸制标本，则需要放在低温、无阳光直射的室内，定期观察标本液的高度，及时补充。

一份完整的植物标本，除了植物本身之外，也应包含采集和记录等信息，其中包括采集人、标本编号、采集时间、采集地点、植物所生长的环境、花的颜色等制作成标本后可能看不到的特征。如果采集记录信息不全，或者完全缺失，这份标本就失去了科研价值。

同样，制作好的标本，通常

也只有保存于正式的标本馆中才有意义。除了一些用于科普和教学所展示的标本，以及纯粹用于装饰以达到美观效果的标本，大多数植物标本应该是可以被他人检索和查阅的。

3.3 标本制作的原理和方法

植物标本中，最常见、应用最为广泛的是腊叶标本，我们主要介绍这类标本。制作腊叶标本，首先要采集合适的植物材料。采集前，要准备好以下用具：

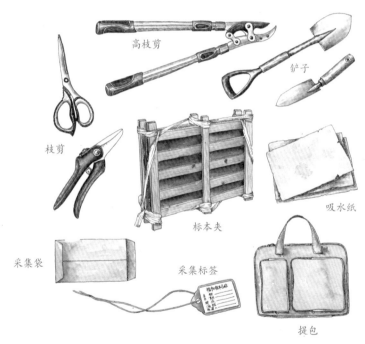

高枝剪

铲子

枝剪

标本夹

吸水纸

采集袋

采集标签

提包

制作标本需要用到的工具

枝剪：剪取植物枝条用，也可用锋利顺手的普通大剪刀代替。

高枝剪：剪取高处枝条用，如果是采集较矮的植物则不需要。

铲子：连根采集植物的地下部分用。

标本夹: 用于压平标本,是制作腊叶标本的必备工具,如果没有,也可临时用两块平整重物(如木板、大开本厚书)来暂代。

吸水纸: 疏松柔软、吸水性好的大纸都可以,比如草纸、旧报纸等,预先折成和标本夹相同的尺寸备用。

采集袋: 小纸袋,暂时存放一些花、果等易脱落部分。

采集标签: 硬纸制成的小纸片,穿有白线,可以拴在植物材料上,用于写明日期、地点、海拔、生境、植株形态等标本采集记录。

提包: 在野外临时存放标本用,可用其他容器代替。

采集标本时,要注意以下事项:

不要采集太大的植物体,高度或宽度不超过 40 厘米比较合适。

小型草本植物最好整株采集,包括根、茎、叶、花、果实,如果花和果实没有同时存在,则至少应该有其一。如果是木本植物,则剪下一段有花或果实的带叶枝条。原则就是尽量让标本表现最多的本种形态特征。

采集后,填写采集标签,拴在植物体上。

把标本妥善保存在提包(或采集袋、采集箱)中,如果没有提包,也可放在封口袋里,尽量减少磕碰摩擦。

在野外采集结束之后，应及时处理标本，需要进行如下操作：

修剪标本： 如果枝条上叶片太多，可以剪掉一些，但要留下叶柄。

展姿： 把植物摆好，尽量不要让枝条、叶片、花序等彼此叠压，已折叠的叶片或花瓣要重新展平。

夹入标本夹： 展姿可在吸水纸上进行，之后连同吸水纸一起，放入标本夹。植物体要夹在上下至少各一层的吸水纸之间，用标本夹夹紧。如果没有标本夹，可以用木板等平整物体加上重物压实。原则是尽量压紧，让植物尽快脱水，以免腐烂、皱缩。

脱水： 每天换一到两次吸水纸，提高植物干燥速度。干燥速度越快，标本的形态、颜色就会越好，如此持续约两周，即干燥完毕。

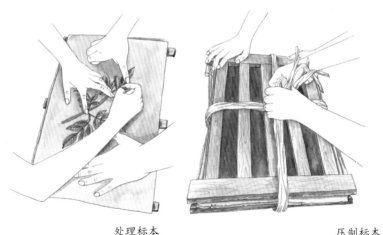

处理标本　　　　　　　　　　　　　　　　压制标本

后续处理主要有装订、消毒、填写标本记录标签等工作。标本装订也叫"上台纸"，是腊叶标本制作的最后一道工序，用质地坚硬的白板纸或道林纸，裁成 8 开左右大小，用纸条或细线把标本固定在台纸上。进入标本馆前，标本都应用药物或紫外灯消毒，用来杀灭标本上可能存在的虫卵和真菌等微生物。已经固定在台纸上的标本，通常会有一个标本记录标签，需要把采集记录誊写在标签上。

怎样识别野花

1 比对图鉴

识别植物可借助彩色图鉴。如今很多植物图鉴都附有彩图，遇到不认识的植物时，可以先"按图索骥"，根据外观特点在书中找到对应物种，再按照文字描述，来核对细节。有些植物种类比较相近，还有一些植物由于摄影的缘故，实际大小难以从图片上判断，所以切忌仅仅对照图片就下结论，一定要对照文字描述仔细辨别。

不过，选取合适的植物图鉴还是非常重要的，大致上有几个选取原则：最关键的是，尽量选取和所在地区相吻合的植物图鉴，例如鉴定北京的野花，如果选取青藏高原的植物图鉴就不太适宜；其次，尽量选取图片清晰的图鉴，有些植物图鉴的图片质量不高，甚至是到处拼凑的图片，难以看清植物特征，还有可能存在错误；此外，也要注意图鉴的种类，例如你想要识别野花，而图鉴收录的都是观赏花卉，这样就不适合参考。

比对图鉴识别野花

2 参考专业书籍

如果有条件，可以查阅本地的植物志。例如，在北京地区可以查阅《北京植物志》（北京出版社，1992），其中包括植物的文字描述和线描图。如果具有一定的植物学基础知识，也可以查阅植物检索表，如《北京植物检索表》（北京出版社，1992），可以通过比对植物特征，快速区别出相似的植物种类。

要注意的是，很多出版年代较早的专业书籍，其中采用的植物分类系统为旧系统。例如，《北京植物志》和《中国植物志》（科学出版社，1959—2003）都采用了"恩格勒系统"，但现在学术界更倾向于使用新的植物分类系统，本书采用了最新的"APG IV 分类系统"。在不同的分类系统中，一些植物的科属名称可能有所不同，甚至少数植物的拉丁学名也有调整。

3 查阅在线资料

我们也可以使用一些在线资源，用来识别植物。例如《中国植物志》就有在线版本，如果网络条件好，可以直接上网查阅，网址为 http://www.iplant.cn。

有时也可以使用识别植物种类的软件或应用程序。但如今比较常见的几款应用程序，识别的准确率都有待提升，因此相关识别结果仅适合作为参考，不宜作为定论或准则。还应当通过其他方式，将不同的结果相互印证，之后再下结论。

观察野花时的注意事项

1 个人安全

无论在何时何地，观察野花时，个人安全都是最重要的。特别是在野外，未成年人最好有监护人或者带队老师的陪伴。

1.1 在安全的位置和环境中观察野花

野生植物有时会生长在比较危险的环境里，如悬崖、水边等，原则上不要为了接近野花，而把自己置于不安全的环境中，例如攀上岩壁、太过靠近水畔沼泽或湿地、爬树、靠近悬崖等。另外，在野外有时会遇到毒蛇、野蜂等有毒动物，一定要小心观察周围环境，及时避开。

1.2 避免在极端天气下观察野花

在暴雨、大风等极端天气下不适宜观察野花，应根据天气预报和实地观察，尽量在出现极端天气之前，回到安全地带。如果在雨中行走，应注意脚下的土石是否松动，以及头顶是否会有落石。雷雨天时也应预防雷击。

夏季去野外时，要做好防晒和防暑的准备。进入草丛或林间，尽量穿长袖衣裤和舒适的厚底鞋。去中高海拔地区时，气温可能会比城市里低得多，要注意保暖。此外，在野外活动的过程中，应时刻关注自己的身体状态，如有不适，应及时休息或终止活动。

注意环境周围的标志牌

做好野外观察准备

1.3 禁止食用野生植物

有一些野生植物可以食用，但是也有很多和它们外观相似的有毒植物，所以在野外观察时，不要食用野生植物，既是为了保护生态，也可以保证自己的安全。即使是自己或同行队友觉得可以识别的种类，在没有必要的情况下，也不要贸然食用。

1.4 尽量不直接接触植物

有一些植物具有刺毛，会对皮肤造成伤害，还有一些植物接触后有可能导致过敏、中毒，因此尽量不要和植物发生直接接触。在有专业老师或专家带队的情况下，能够确认安全，并且有接触的必要时，再接触植物。

有刺毛的蝎子草植株形态

蝎子草的刺毛

2 生态道德

所谓生态道德，是指在观察野生动植物的时候，应当遵守的道德规范。例如，尽量不要对观察对象造成影响或损害，不要对所在环境造成破坏。

2.1 严禁采挖攀折

除了专业所需采集标本外，不要采挖攀折野生植物，尤其不要摘花摘果。很多野生植物需要生长很多年才能开一次花，如果被破坏了，种群繁衍就会受到严重影响。更不要因为觉得野生植物好看或神奇，就想将它们摘回家观赏或挖回去种植。

被人采摘后丢弃的野罂粟

如果自己的亲戚或朋友，有采挖或攀折植物的行为，要尽量劝阻。遇到不认识的人采挖攀折野生植物，在得到家长或老师的确认和支持后，也可以进行劝说，但要尽量避免发生冲突，保证自身的安全。

2.2 保护生境

保护植物不仅仅是保护植物本身，它们生长的环境也需要保护。有时为了观察或拍摄方便，将野花周围的杂草、树枝拔掉或折断，这样有可能使野花暴露在阳光下，或失去支撑和依靠，同样有可能对野花本身造成影响。

有些植物可能会成丛生长，如果我们靠近某个植株，脚下可能会踩到刚刚发芽或即将破土而出的幼苗。因此在观察和记录时，也要注意我们所在的位置，尽量减少对周围环境不必要的损害。

此外，也不要乱扔垃圾和惊扰动物。如果情况允许，可以把看到的垃圾顺手带走。

捡拾垃圾

2.3 什么情况下可以采集标本

虽然前面介绍了采集和制作植物标本的方法，但我们不提倡采集野生植物标本。除非你所参与的活动是一项科学研究或野外科考活动，采集制作标本是科研工作所需。个人制作的植物标本，如果没有科研价值，其实是对野生植物或环境的一种破坏。而且有可能在你不能确认植物种类的情况下，采集了受保护的物种或珍稀濒危的植物。

即使在进行科学研究时，采集标本也有一些原则。例如，仅在某个区域出现一株或少量几株，就不应采集；不要把一个小群落里的个体都采集掉，而应把较大比例的个体都留下；可以采集一段枝条时，就不要拔下全株。

以下几种情况可以制作植物标本：经带队老师或专家确认，所采集的植物是非常常见的种类，即使适量采集，也不会造成不好的影响；所采集的野生植物是外来入侵物种，原本就应当拔除；采集的植物是人为栽种的，而且经过栽种者的许可。

北京野花

白屈菜

拉丁学名：*Chelidonium majus*

别名：山黄连、土黄连

分类类群：罂粟科 白屈菜属

形态特征：多年生草本，高 30 ～ 60 厘米，具有黄色乳汁，茎有柔毛，花黄色，花瓣 4 枚。

实用观察信息：生于低中海拔的草丛、林下、溪边，在北京西部和北部山区（如金山、上方山、松山、小龙门林场、白河湾等地）很常见，平原地区也可以见到。花期 4 月至 6 月，为最佳观察时间。

　　白屈菜的名字出自明代《救荒本草》一书，称它的"茎叶皆青白色"，味苦微辣。实际上白屈菜全株有毒，黄色的乳汁对人的皮肤和黏膜有刺激性，不适合食用。

　　白屈菜的种子上有鸡冠状的"油质体"，能够吸引蚂蚁前来取食，蚂蚁会将种子搬运回巢穴，吃掉油质体。种子本身会在蚁巢中或蚁巢附近发芽。这种靠蚂蚁传播种子的方法，叫作"蚁播现象"。

小药八旦子

拉丁学名：*Corydalis caudata*

别名：小药巴蛋子、北京元胡

分类类群：罂粟科 紫堇属

形态特征：多年生草本，高10～20厘米，二回三出复叶，花浅蓝色或蓝紫色、两侧对称、后部有距。

实用观察信息：生于低海拔山间林下，在北京香山、金山等地的山坡上比较容易见到。花期3月至4月，为最佳观察时间。

　　小药八旦子的名称源于它的北京土名，写作"巴蛋子"更为适宜。"巴蛋子"指的是它在地下生有球形块茎，块茎有一定毒性，不宜食用。由于小药八旦子在北京较为常见，民间将它当作延胡索或元胡入药，所以又叫北京元胡。

　　小药八旦子也具有"蚁播现象"，种子带有油质体，吸引蚂蚁取食，以此来传播。和小药八旦子同属于紫堇属的其他一些种类，例如北京平原地区和城区内常见的地丁草，种子也有吸引蚂蚁的油质体。

野罂粟

拉丁学名：*Papaver nudicaule*

别名：山大烟

分类类群：罂粟科 罂粟属

形态特征：多年生草本，高 20～60 厘米，具白色乳汁，叶基生，花莛细长，花黄色，花瓣 4 枚。

实用观察信息：生于中高海拔山地草坡、林缘、亚高山草甸，在北京东灵山、百花山、白草畔等地较易见到。花期 6 月至 7 月，为最佳观察时间。

　　野罂粟与人们熟知的罂粟是同类。罂粟是用于提炼鸦片的原料植物，俗称大烟。野罂粟生于山坡，所以俗称山大烟。不过，野罂粟并不能用于制作鸦片。在形态上，野罂粟和罂粟有多个不同之处：野罂粟只有基生叶，罂粟茎上生叶；野罂粟的花莛有毛，罂粟无毛；野罂粟花通常为黄色，罂粟花为珊瑚红色、紫红色或红色；野罂粟的果实是狭长的圆柱状，有毛，罂粟的果实球形或椭球形，无毛。

　　如今公园里有一种常见的栽培花卉，叫作冰岛罂粟，也叫冰岛虞美人，它是野罂粟的园艺品种，花色有黄色、橙色、白色、红色等，植株比山间野生的野罂粟更高大粗壮。

北乌头

拉丁学名：*Aconitum kusnezoffii*

别名：草乌、鸡头草

分类类群：毛茛科 乌头属

形态特征：多年生草本，高 80～150 厘米，有时茎蔓生，叶片五角形深裂，花序圆锥状，花蓝紫色，两侧对称，顶部盔状。

实用观察信息：生于中高海拔山间林下或林缘，在北京西部和北部山区（如百花山、玉渡山、小龙门林场、喇叭沟门等地）比较常见。花期 7 月至 9 月，为最佳观察时间。

乌头属植物的根部形似乌鸦头部，故而得名。北乌头全株有剧毒，以根部毒性最强，误食会出现麻木、恶心、痉挛、呼吸困难等症状，严重时可致死。

由于北乌头的花形和鸡头略有些相似，所以俗称鸡头草。在北京门头沟区，有人把乌头属植物（包括北乌头、牛扁等种类）的叶片称为"鸡了膀子"，采摘野菜时要特别注意区别，以免误食。

银莲花

拉丁学名：*Anemone cathayensis*

别名：华北银莲花

分类类群：毛茛科 银莲花属

形态特征：多年生草本，高 15 ~ 40 厘米，花 2 ~ 5 朵聚伞状排列，通常白色，萼片 5 ~ 6 枚，有时更多，花瓣状。

实用观察信息：生于中高海拔山地草坡、亚高山草甸，在北京东灵山、百花山等地较为常见。花期 5 月至 6 月，为最佳观察时间。

银莲花的名字来自河北、北京一带民间的俗称，有可能是因为它的花为白色，与更为有名的金莲花相呼应，所以以"银"称之。银莲花在京郊的亚高山草甸和林缘广泛分布，"模式标本"采自北京密云区。

银莲花的花朵中，看起来像是白色花瓣的结构，实际上并非真正的花瓣，而是萼片。不过，这些萼片的作用和大部分植物的花瓣类似，都有吸引传粉昆虫的功能。北京几种野生银莲花属植物，绝大多数都含有毒素，有些种类还曾在民间被用于制作杀虫农药，因此这种花只可观赏，误食可能会中毒。

长毛银莲花（*Anemone narcissiflora* subsp. *crinita*），植株形态和花形与银莲花相似，但植株比银莲花略高，花莛、叶柄等处有密集的长柔毛。生境和花期与银莲花相似。它被列为北京市二级保护植物。

小花草玉梅（*Anemone rivularis* var. *flore-minore*），植株形态和花形与银莲花相似，但花明显比银莲花小，花梗较长，花序疏散。生于中高海拔山坡、溪边、林缘、草坡，花期6月至8月。

长毛银莲花 小花草玉梅 045

华北耧斗菜

拉丁学名：*Aquilegia yabeana*
分类类群：毛茛科 耧斗菜属
形态特征：多年生草本，高40～60厘米，花紫色或紫红色，萼片5枚，花瓣状，花瓣5枚、基部有长距、末端钩状。
实用观察信息：生于中海拔山坡，以及中高海拔林间或林缘，在北京百花山、东灵山、喇叭沟门等地都较常见。花期5月至7月，为最佳观察时间。

耧斗菜的名字出自明代《救荒本草》一书，"耧斗"一词来自古代播种用的农具"耧车"，这种农具上有一个上开口大、下开口小的装置，用于放农作物的种子，名叫耧斗。耧斗菜就是因为花瓣形似耧斗而得名的。华北耧斗菜的"模式标本"采自北京、河北交界的雾灵山。

耧斗菜属植物通常在花瓣末端有细长的"距"，距的形态与传粉昆虫的种类有关：距的最深处有蜜，只有口器狭长或者身体形状适合的昆虫，才能吃到蜜，并为耧斗菜传粉。华北耧斗菜主要的传粉昆虫是熊蜂、蝴蝶和食蚜蝇，它们用细长的口器伸入距中吃蜜。可在华北耧斗菜附近观察访花昆虫，有时能见到熊蜂将一朵花5个距内的花蜜依次吸食。

生于林缘草丛中的华北耧斗菜

紫花耧斗菜（*Aquilegia viridiflora var. atropurpurea*），花紫色，比华北耧斗菜略小，形态较狭长，距伸直，雄蕊明显伸出花冠外（耧斗菜雄蕊不伸出或稍伸出）。生于中低海拔山林间，春季开花。

耧斗菜（*Aquilegia viridiflora*），植株形态和花形与紫花耧斗菜相似，但花为黄绿色或淡棕黄色。生于中低海拔山林间，春季开花。

河北耧斗菜（*Aquilegia hebeica*），植株形态和花形与紫花耧斗菜相似，但萼片通常比花瓣长，距比较短。生于中低海拔山林间，春季开花。河北耧斗菜是 2017 年确定的新物种，它的"模式标本"采自北京密云区。

紫花耧斗菜　　　　　　耧斗菜　　　　　　河北耧斗菜

水毛茛

拉丁学名：*Batrachium bungei*

别名：梅花藻

分类类群：毛茛科 水毛茛属

形态特征：多年生草本，生于水下，叶轮廓半圆形，丝状细裂，花挺出水面，花瓣5枚，白色、基部带黄色。

实用观察信息：生于山间溪流、河流中，以及河滩、水塘等处，在北京拒马河、永定河部分河段，以及松山、碓白峪、小龙门林场等地都可见到。花期5月至8月，通常在初夏至盛夏适合观察。

水毛茛植株沉于水下生长，开花时，花梗挺立出水，因花瓣5枚，形如梅花，所以别名又叫梅花藻。在拒马河等处，冬季结冰时，冰下的水毛茛植株和茎叶依然完好。它的"模式标本"采自北京一带，但具体地点记录不详。

北京水毛茛（*Batrachium pekinense*），植株和花都与水毛茛相似，但叶片分为沉水叶和浮水叶，沉水叶分裂较细，呈丝状，漂浮在水面的浮水叶分裂较宽。北京水毛茛的"模式标本"也采自北京一带，过去记载其仅在南口至居庸关一带的溪流中有分布。但实际上，昌平、延庆等地的山间溪流中，包括河北与北京交界处，都能

见到北京水毛茛。在延庆的松山、玉渡山等地的溪流中，即使在冬季的冰下，北京水毛茛植株也保持常绿。它是国家二级保护植物。

水毛茛的叶片细裂　　　北京水毛茛的部分叶片分裂较宽

049

槭叶铁线莲

拉丁学名：*Clematis acerifolia*

别名：崖花、岩花

分类类群：毛茛科 铁线莲属

形态特征：小灌木，叶对生，叶片掌状 5 浅裂，花数朵簇生，通常白色，有时略带粉红色，萼片 6 枚，花瓣状。

实用观察信息：生于陡峭的岩壁上，大多分布于北京房山区、门头沟区，108 和 109 国道沿线部分地区，以及十渡、上方山等地较易见到。花期 4 月，为最佳观察时间。

槭叶铁线莲由于生长在山崖石缝中，所以别名崖花、岩花，在房山区等地的方言中，"崖花"的"崖"字读作 nié。它的"模式标本"采自北京百花山一带。

它是国家二级保护植物，曾被看作北京特有物种，后来在河南、河北也发现有零星分布，但主要种群仍在北京。北京的植物爱好者们通常将槭叶铁线莲与独根草、房山紫堇并称为"北京早春岩壁三宝"。

此前，在公路养护时，为避免落石，国道沿线部分地段的岩壁架设了防护网，并栽种了爬山虎等植物用以绿化，对槭叶铁线莲的原生环境造成了一定影响。如今，部分设施已经拆除或调整，以保护这种植物。

短尾铁线莲

拉丁学名：*Clematis brevicaudata*

别名：黑狗茎

分类类群：毛茛科 铁线莲属

形态特征：木质藤本，茎有棱，叶对生，圆锥花序，花白色，萼片4枚，花瓣状，雄蕊多枚，白色。

实用观察信息：生于低中海拔山林之间，在北京西部和北部山区（如金山、百花山、坡头林场、松山等地）很常见。花期7月至8月，为最佳观察时间。

　　短尾铁线莲生长迅速，耐旱耐晒，是北京最常见的野生铁线莲，也适宜作为观赏植物栽种。延庆、密云等地的人会采摘它的嫩茎叶食用，名为"黑狗茎"或"黑狗筋儿"的野菜就是短尾铁线莲。但它的植株之中含有强心苷类毒素，其实不宜食用，只有采摘后以开水焯过，再长时间放置于凉水中，才能去除一部分毒素。

大叶铁线莲

拉丁学名：*Clematis heracleifolia*

分类类群：毛茛科 铁线莲属

形态特征：多年生草本或亚灌木，高 30～100 厘米，聚伞花序，花向下弯垂，蓝色或蓝紫色，萼片 4 枚，花瓣状，向后反卷。

实用观察信息：生于低中海拔山林之间，在北京香山、雾灵山、松山、平谷四座楼等地可见。花期 7 月至 8 月，为最佳观察时间。

大叶铁线莲的花朵下垂，一些昆虫很难吃到花中的蜜，就会采取"盗蜜"的方法。例如黄胸木蜂就会在花朵侧面咬出"盗洞"吃到花蜜，这样不会给大叶铁线莲传粉。可以蹲守在花附近观察昆虫"盗蜜"行为。

卷萼铁线莲（*Clematis tubulosa*），植株与大叶铁线莲相似，但花通常为淡紫色，花梗很短或几乎无花梗，花朵不下垂。北京一些公园和小区中，栽种卷萼铁线莲用于观赏，是本土物种用于园林绿化的成功案例之一。

卷萼铁线莲

大叶铁线莲的花

长瓣铁线莲

拉丁学名: *Clematis macropetala*

别名: 大瓣铁线莲

分类类群: 毛茛科 铁线莲属

形态特征: 木质藤本，花单生，具长花梗，常下垂，花蓝色或淡蓝紫色，萼片4枚，花瓣状，另有多枚花瓣状的退化雄蕊。

实用观察信息: 生于中高海拔林下、林缘或草甸边缘，在北京百花山、东灵山、喇叭沟门等地较常见。花期6月至7月，为最佳观察时间。

　　铁线莲属植物无花瓣，通常萼片为花瓣状，此外有些种类还有退化雄蕊。长瓣铁线莲的退化雄蕊也是花瓣状的，比萼片略短而狭窄。整朵花看上去就像"有很多花瓣"的样子，以此来吸引传粉者。

　　正是由于长瓣铁线莲看上去像是"有很多花瓣"的特性，园艺学家非常关注这一物种。近年来，以长瓣铁线莲作为亲本，园艺学家已培育出多个铁线莲观赏品种。

长瓣铁线莲及其生境

半钟铁线莲（*Clematis sibirica* var. *ochotensis*），植株形态与长瓣铁线莲相似，但花冠略呈钟状，常常不完全开展，退化雄蕊较短小，不是明显的花瓣状。在北京西部和北部山区林间，半钟铁线莲更为常见，花期比长瓣铁线莲更早。

长瓣铁线莲　　　　　　　　　　　半钟铁线莲

翠雀

拉丁学名：*Delphinium grandiflorum*

别名：翠雀花、大花飞燕草

分类类群：毛茛科 翠雀属

形态特征：多年生草本，高 35 ～ 65 厘米，总状花序顶生，花蓝色，两侧对称，正面常带有黄色斑块，后部有长距。

实用观察信息：生于低海拔至高海拔草坡、山地、丘陵等处，在北京香山、百花山、东灵山、雾灵山等地可见。花期 5 月至 9 月，盛夏至初秋最适宜观察。

由于花色翠蓝，形如雀鸟，所以这种植物被称为翠雀。清代《广群芳谱》中说："其形如雀，有身，有翼，有尾，有黄心如两目。"清代《植物名实图考》中记载："梢端开长柄翠蓝花，横翘如雀登枝，故名。"清代时北京城花园苗圃中常栽种翠雀，用作观赏。

清代的文人和画家常以翠雀为题，吟诗作画。乾隆皇帝写过好几首《翠雀》诗，其中之一说："象形立字任人为，谓草偏教雀谓之。看到翩翩舒翠翼，亦疑昂首欲飞时。"在清代《小山画谱》《塞外花卉图》等画作中，也都专门绘有翠雀的形象。

翠雀的花冠除了蓝色，有时也可见到蓝紫色或淡蓝色个体。

白头翁

拉丁学名：*Pulsatilla chinensis*

别名：老公花

分类类群：毛茛科 白头翁属

形态特征：多年生草本，高 15 ～ 35 厘米，全株被有长柔毛，花紫色或蓝紫色，萼片通常 6 枚，花瓣状，果实形似白色毛球。

实用观察信息：生于低中海拔山坡、草丛中，在北京香山、金山、玉渡山等地可见。花期 4 月至 5 月，为最佳观察时间，5 月后进入果期，也可观察果实。

唐代《唐本草》一书中写道："茎头一花，紫色，似木槿花。实大者如鸡子，白毛寸余，皆披下似纛头，正似白头老翁。"由此看来，白头翁的名称来由应是果实形如白头老翁之故。

白头翁在北京可生于低海拔平原地区，数十年前，天坛公园、颐和园里就有野生的白头翁。它喜爱生长在略干旱的向阳草丛中，如今城市里很难有这样的环境，只有去山区才能见到它了。

毛茛

拉丁学名: *Ranunculus japonicus*

别名: 老虎脚迹

分类类群: 毛茛科 毛茛属

形态特征: 多年生草本，高 30～70 厘米，下部叶片近似五角形，3 浅裂，花亮黄色，花瓣 5 枚。

实用观察信息: 生于低中海拔林间、林缘或山间湿地，在北京金山、小龙门林场、百花山、松山等地都较常见。花期 5 月至 8 月，为最佳观察时间。

毛茛虽然是自唐代就有的古名，但最初所指的植物与今天不同。按照《康熙字典》中的说法，"茛"是草乌头之苗，毛茛的叶片、毒性都与之相似，所以得名。这与如今的毛茛比较吻合。毛茛下部的叶片 3 裂，略似虎爪脚印，所以在清代，北方民间称之为"老虎脚迹"。毛茛全株有毒，花的毒性最大，误食后可能致死。

毛茛的花瓣为亮黄色，在树林间非常显眼，有利于被传粉昆虫发现。现在园艺学家把毛茛属的多种植物作为花卉栽种，在欧洲一些花园中应用较多，毛茛在北京偶见栽培用作观赏。

在京郊，生于林间的毛茛通常较高，有时亚高山草甸上也可见到毛茛，植株往往比较低矮。

瓣蕊唐松草

拉丁学名：*Thalictrum petaloideum*

别名：肾叶白蓬草、马尾黄连

分类类群：毛茛科 唐松草属

形态特征：多年生草本，高 20 ~ 80 厘米，花序伞房状，花白色，雄蕊多枚，白色，棍棒状。

实用观察信息：生于中高海拔山间草坡，在北京西部和北部山区（如百花山、小龙门林场、松山、坡头林场等地）较常见。花期 6 月至 7 月，为最佳观察时间。

瓣蕊唐松草的花没有花瓣，看似有些像花瓣的结构，是它的雄蕊。雄蕊的花丝膨大为棍棒状，白色，多枚雄蕊聚集在一起，使整朵花看起来像是"有很多花瓣的小白花"。植物的花丝原本是用来支撑雄蕊花药的，在这里同时起到了类似花瓣的作用，用于吸引传粉昆虫。唐松草属植物有部分种类，其雄蕊花丝都有类似的功能。

瓣蕊唐松草开花时，花粉量较大。在北京，野生瓣蕊唐松草的花间，有时可以观察到一些鞘翅类昆虫访花，例如某些金龟，就常会携带瓣蕊唐松草的花粉。如今欧洲已将瓣蕊唐松草作为观赏花卉，栽种于花园中，我国也正在尝试引种。

金莲花

拉丁学名：*Trollius chinensis*

别名：金疙瘩

分类类群：毛茛科 金莲花属

形态特征：多年生草本，高 30 ～ 70 厘米，花金黄色，萼片通常 10 ～ 15 枚，花瓣状，花瓣 18 ～ 21 枚，线形狭长。

实用观察信息：生于中高海拔的林缘、草坡、亚高山草甸，在北京百花山、白草畔、海坨山等地可见。花期 6 月至 7 月，为最佳观察时间。

古时金莲花这一名字，可能指数种不同的花卉。但古人若是详细说它出自高山，例如宋代《洛阳花木记》一书中记载"金莲花出嵩山顶"，所指的就应该是如今的金莲花了。

金代时，金世宗完颜雍曾经在内蒙古的曷里浒东川看到了壮观的金莲花群落，于是将当地改名为金莲川，建造了行宫。元朝建国后实行两都制，即元大都（北京）和元上都（金莲川）。清代康熙年间，五台山的金莲花还曾被移栽至承德避暑山庄。康熙帝作诗赞之曰："正色山川秀，金莲出五台。塞北无梅竹，炎天映日开。"

过去，民间有采摘金莲花晒干泡茶的习俗，但过度采摘对生态有较大影响，加上生境改变，如今

的北京山间已难见到大片的金莲花群落。中国科学院植物研究所北京植物园尝试在低海拔的树林下栽种金莲花，已取得了成功。

独根草

拉丁学名：*Oresitrophe rupifraga*
别名：小岩花、爬山虎
分类类群：虎耳草科 独根草属
形态特征：多年生草本，高 12 ~ 28 厘米，叶在花落后生出，心形，花序圆锥状，花紫红色，萼片 5 ~ 7 枚，花瓣状。
实用观察信息：生于低中海拔山间崖壁上，在北京房山区和门头沟区（如上方山、妙峰山、霞云岭等地）较常见，玉渡山、坡头林场等地也可见到。花期 4 月至 5 月，为最佳观察时间。

独根草主要生于北京、河北，此外在山西、辽宁也有少量分布，它的"模式标本"采自北京海淀区。它生在竖直崖壁上，生境与槭叶铁线莲类似，常相伴生长。民间俗称它为"岩花""小岩花"，也易与槭叶铁线莲的俗名混淆。

独根草春季开花时，仅生出一枝花序梗，花开过后，才会生出叶片。叶基生，一株通常有 1 ~ 2 枚叶片。北京教学植物园等地将它引种到平原地区，能够存活，但花色会变淡。

瓦松

拉丁学名：*Orostachys fimbriata*

别名：瓦花

分类类群：景天科 瓦松属

形态特征：二年生草本，通常高 10～20 厘米，叶肉质，棒状，总状花序常呈塔状，花淡紫红色，花瓣 5 枚。

实用观察信息：生于低中海拔山间石缝中，以及瓦房、草房等房屋屋顶，在北京西山、松山、海坨山等地可见，郊区（如永宁镇）的房顶也可见到。花期 8 月至 9 月，为最佳观察时间，自盛夏至深秋均适宜观察其植株。

瓦松为二年生植物，第一年只生叶，第二年才会长出花序，开花结果。古代有人认为，瓦松是两种植物：第一年仅有叶时叫作"昨叶何草"，第二年开花时挺立如锥，叫作"瓦松"。《唐本草》中称，瓦松生屋顶上，"远望如松栽"，因此得名。

由于瓦松常生于屋顶，古人有时将它当作身居高位的象征，唐代李华有诗句称："华省秘仙踪，高堂露瓦松。"为了表示不肯攀附权贵，唐人郑谷在

瓦松开花植株

诗中说："露湿秋香满池岸，由来不羡瓦松高。"

　　瓦松可扎根在瓦片缝隙之中，在 20 世纪末，北京城内的平安大街、前门大街等地，瓦松还较常见，生于瓦房屋顶。如今北京城区几乎难见瓦松，有时在近郊的屋顶上（如大觉寺）还可见到。

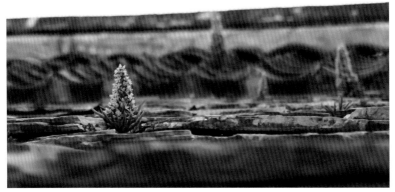

屋顶上的瓦松（摄影：张洁）

　　钝叶瓦松（*Orostachys malacophylla*），植株形态和花序与瓦松相似，但植株比瓦松略大，叶片倒卵形至椭圆形，花序直立呈棒状（瓦松花序略呈圆锥状），花白色或略带绿色。生于中海拔山间石缝中，花期 7 月至 9 月。

钝叶瓦松的基生叶　　钝叶瓦松花期植株

费菜

拉丁学名：*Phedimus aizoon*

别名：景天三七、土三七

分类类群：景天科 费菜属

形态特征：多年生草本，高20～50厘米，茎叶稍肉质，聚伞花序顶生，花黄色，花瓣5枚。

实用观察信息：生于低中海拔山间，多见于石缝、灌丛中或阴湿处，在北京香山、金山、松山、小龙门林场等地较易见到。花期6月至7月，为最佳观察时间。

费菜的名字出自明代《救荒本草》一书，明清时民间将它当作野菜，用于救饥，如今已几乎无人食用了。在北京及华北其他一些地区，费菜又叫土三七、景天三七，这是因为民间用它当作止血的草药，功效和药用植物"三七"相似。在植物分类学方面，也有学者认为，费菜属应该归并入景天属之中。

费菜在北京各区的林地、草丛都比较常见。在21世纪初，中国科学院植物研究所北京植物园、北京教学植物园、奥林匹克森林公园等地相继栽种费菜，是本土植物用作园林观赏的成功案例。由于费菜易栽易活，不需要精心养护，如今在路边绿化带中有时也可见栽种。

小丛红景天

拉丁学名：*Rhodiola dumulosa*

别名：红景天

分类类群：景天科 红景天属

形态特征：多年生草本，高 15～25 厘米，常丛生，茎叶肉质，花白色，花瓣 5 枚，心皮会渐变成红色。

实用观察信息：生于高海拔山间石缝中，在北京东灵山、白草畔等地可见。花期 6 月至 7 月，果期 7 月至 8 月，其间都适宜观察。

小丛红景天的"模式标本"采自北京百花山一带，但实际上它在我国华北、西北多个省区都有分布。小丛红景天雌蕊的心皮和柱头在受粉后，就会渐渐由绿变红，在果期为红褐色。红景天属中有多个物种都可观察到这一现象。

在民间小丛红景天俗称"红景天"，因 20 世纪末期"高原红景天"被传具有多种疗效，京郊的小丛红景天也常被人挖掘，作为山货贩卖。它的一朵花中，雄蕊分批次成熟，雌蕊成熟较晚，以异花授粉为主，但即使正常开花，也常会败育，无法产生种子。因此，小丛红景天如今在京郊已比较少见，它也被列为北京市二级保护植物。

蒺藜

拉丁学名：*Tribulus terrestris*

别名：蒺藜狗子

分类类群：蒺藜科 蒺藜属

形态特征：一年生草本，平卧于地面，偶数羽状复叶，花黄色，花瓣 5 枚，果实有硬刺。

实用观察信息：生于低中海拔地区的荒地、河滩、草丛中，常见于较干旱处，北京市各地（如元大都遗址公园、将府公园、北沙河等地）都可能见到。花期 5 月至 8 月，通常在夏季同时会见到花和果实，最宜观察。

　　蒺藜的古名叫作"茨"，《诗经》之中就有"楚楚者茨""墙有茨"等诗句，把蒺藜当作恶草，还用它来比喻小人。《本草纲目》一书中称："蒺，疾也；藜，利也；茨，刺也。其刺伤人，甚疾而利也。"由此可见，蒺藜的名字由来，是因为它的果实上有尖利的硬刺。

　　蒺藜果实上的尖利长刺很容易扎脚。古代防御性兵器"铁蒺藜"，就是模仿这一特性而制成的四角铁锥，撒在地上用以阻碍战马行进。

《明史》之中记载，洪钟主持修缮长城，从山海关至古北口、居庸关一线的长城外侧，就埋设了许多装有铁蒺藜的陷马陶筒。

蒺藜的果实上除了长刺，还有一些小瘤状的突起。"蒺藜陶弹"就是模仿了这种形态。在北京丰台区金中都城墙遗址公园，曾经展出过辽代的蒺藜陶弹，外形是具有许多短刺状突起的刺球。陶弹内可填充火药，爆炸后陶质外壳破碎，高速飞散的碎片具有很强的杀伤力。

北京民间把蒺藜俗称为"蒺藜狗子"，有时也误写作"吉利狗子""急了狗子"，这也是由于蒺藜的果实扎脚，刺痛感就像被狗咬到。如今有人误以为"蒺藜狗子"指的是苍耳，这是不对的。

糙叶黄耆

拉丁学名: *Astragalus scaberrimus*
别名: 土黄耆、糙叶黄芪
分类类群: 豆科 黄耆属
形态特征: 多年生草本，平卧于地面，奇数羽状复叶，花通常白色或黄白色，蝶形花冠。
实用观察信息: 生于低中海拔平原和山地，多见于河畔、草坡、旱地，北京市各地（如金山、松山、北沙河、奥林匹克森林公园等地）都可能见到。花期 4 月至 5 月，为最佳观察时间。

　　黄耆属植物中，最知名的是入药所用的"黄耆"。《本草纲目》中说，"耆"字的意思是年长，黄耆入药为黄色，又是"补药之长"，由此得名，俗写作"黄芪""黄蓍"都是不对的。糙叶黄耆在一些北京的植物文献资料中，也被写作"糙叶黄芪"。

　　糙叶黄耆比较耐旱，根系附着力较强，可以作为水土保持植物，在荒地栽培。同时，之所以名叫"糙叶"，是因为它的叶片和植株上全株密被白毛，摸上去手感粗糙。这种毛紧密贴在叶片两侧，使叶片呈灰白色，可以使用放大镜来观察这种毛的形态。

红花锦鸡儿

拉丁学名：*Caragana rosea*

别名：金雀儿

分类类群：豆科 锦鸡儿属

形态特征：灌木，高0.4～1米，假掌状复叶，具针刺，花黄色或带红色，蝶形花冠。

实用观察信息：生于低中海拔的山坡、灌丛，在北京香山、金山、松山等地较常见，市区内（如宋庆龄故居）有时可见栽种。花期4月至5月，为最佳观察时间。

红花锦鸡儿在北京地区俗称"金雀儿"，古时文人也把它称为"金雀花"。明代《群芳谱》一书中记载："金雀花，丛生，茎褐色，高数尺，有柔刺。一簇数叶，花生叶傍，色黄，形尖，旁开两瓣，势如飞雀，甚可爱。"明代《救荒本草》中称锦鸡儿"开黄花，状类鸡形"。可见，锦鸡、金雀之名都是由花形而来。在北京民间，锦鸡儿之中"鸡儿"要读作jīr，金雀儿之中的"雀儿"读作qiǎor。

自明代开始，华北地区民间把红花锦鸡儿的嫩叶和花当作野菜。花可焯烫后食用，也可炒熟后泡茶。嫩叶以热水焯后凉拌。如今京郊依然有采花当作野菜的做法，如用花摊鸡蛋或和面蒸食。

071

野大豆

拉丁学名：*Glycine soja*

别名：山黄豆、乌豆

分类类群：豆科 大豆属

形态特征：一年生草质藤本，羽状三出复叶，花淡紫色，蝶形花冠，荚果有硬毛。

实用观察信息：生于低中海拔的河滩、溪边、湿草地等处，在北京圆明园遗址公园、奥林匹克森林公园等地都较常见，部分居民小区内也可见到。花期6月至8月，果期7月至9月，其间都适宜观察。

古时称大豆为"菽"，野大豆称为"戎菽"。《管子》中记载："北伐山戎，出冬葱及戎菽，布之天下。"意思是说，春秋时，齐桓公在河北一带征战，而后带回了"戎菽"栽种。

野大豆在北京比较常见，但它却是国家二级保护植物。它是与栽培的大豆亲缘关系最近的植物，很有可能就是栽培大豆的祖先。不过野大豆成熟后，荚果很容易开裂，种子崩出，而栽培大豆荚果一般不会自然开裂，这可能是数千年来人工培育的结果。保护野大豆主要是为了保留基因的多样性。

野大豆可作为植物"弹射"种子的案例：果实成熟时，果荚瞬间变为卷曲状，把种子弹出。

野大豆群落

野大豆的果实

野大豆的果荚（开裂后）

073

米口袋

拉丁学名：*Gueldenstaedtia verna*

别名：米布袋、狭叶米口袋

分类类群：豆科 米口袋属

形态特征：多年生草本，常平卧于地面，奇数羽状复叶，伞形花序，花淡紫色，蝶形花冠，荚果圆筒状。

实用观察信息：生于低中海拔的草丛、荒地、山坡等处，常见于较干旱处，北京市各地（如奥林匹克森林公园、金山、紫竹院公园等地）都可能见到。花期 4 月至 5 月，为最佳观察时间。

米口袋因果实为圆柱形，如过去的米袋，里面有多枚种子，因此得名。明代《救荒本草》一书中把它叫作"米布袋"，并称它的果实、种子用水洗净后，可下锅煮食。

米口袋在地下有粗壮的圆锥形直根，粗细可超过拇指，形如胡萝卜，在讲解植物地下根系和地上植株的比例时，是比较适合参考的实例。此外，过去北京有两种米口袋属植物，分别是米口袋和狭叶米口袋，但这两个物种，现在已经归并为同一物种。

米口袋的主根粗大

城市公园中的米口袋　　075

胡枝子

拉丁学名：*Lespedeza bicolor*

分类类群：豆科 胡枝子属

形态特征：灌木，高 1 ~ 3 米，多分枝，羽状三出复叶，花紫红色，蝶形花冠。

实用观察信息：生于低中海拔的山坡、山谷或林缘，在北京西部和北部山区（如百花山、小龙门林场、松山、坡头林场等地）较常见。花期 7 月至 8 月，为最佳观察时间。

胡枝子的名称出自明代《救荒本草》一书。书中说它又叫"随军茶"，种子用沸水煮后，可以蒸饭食用，嫩叶蒸晒后可以制茶。如今已无人按这些方法食用。此外，这本书中记载，胡枝子有大叶胡枝子和小叶胡枝子两类，花都是紫白色，所指的可能是如今胡枝子属的不同物种。清代《植物名实图考》

中称胡枝子又叫"和血丹"，并称北方茶少，所以可制茶的植物都会被采收，南方茶多，胡枝子在民间仅被作为柴火砍伐。

在京郊一些中海拔地区，向阳山坡上常有大片的胡枝子群落。由于胡枝子比较耐旱，可以当作防风固沙、保持水土的植物栽种，同时在花期也可以当作辅助蜜源植物。

胡枝子属中的数种植物都可作为观赏花卉。国外庭园中栽种的胡枝子，除了常见的紫红色花，也有白色花的园艺品种。在北京教学植物园等地，已将胡枝子、多花胡枝子成功引至平原地区栽种。

多花胡枝子（*Lespedeza floribunda*），植株比胡枝子矮小，茎经常铺散生长，叶和花都比胡枝子小。花期和生长环境与胡枝子比较相似。

杭子梢（*Campylotropis macrocarpa*），植株形态和胡枝子相似，但在花序上，胡枝子通常每一小节生有两朵花，杭子梢的每一小节只有一朵花。花期与胡枝子相似，至秋季仍有花，生长环境除与胡枝子相似外，有时也生于稍阴湿的山沟和林间。

多花胡枝子　　　　　　　　　　　　杭子梢　　**077**

紫苜蓿

拉丁学名：*Medicago sativa*
别名：野苜蓿
分类类群：豆科 苜蓿属
形态特征：多年生草本，高 30～100 厘米，三出复叶，花紫色，蝶形花冠，荚果螺旋状扭曲。
实用观察信息：生于低海拔荒地、河岸，有时经人栽种作为地被植物，后逸为野生，在北京朝阳公园、奥林匹克森林公园、勇士营公园等地常见。花期 5 月至 7 月，为最佳观察时间。

紫苜蓿原产于亚洲西部，汉代时传入我国，就是所谓的"苜蓿"。晋代学者郭璞称，苜蓿之名应为"牧宿"，因为它是优良牧草，又是宿根植物，地下根部不死，年年自生。《史记·大宛列传》中称，大宛多苜蓿，马喜食，汉朝的使者将种子带回，于是中原也开始栽种苜蓿。

北京的紫苜蓿很可能最初为人所栽种，后来逸生而成为野花。北京的地名"木樨地"，据传最早就是"苜蓿地"。《明实录》中记载：嘉靖年间，北京城门外有军队负责种植苜蓿，按月采收，作为皇室用马的饲料，种植面积总计 110 余顷。所以有"阜成关外苜蓿园地"的称呼，后来讹传成了"木樨地"。南城的"木樨

园"也是类似来源。

　　如今，北京城区及近郊的一些荒地或暂时闲置的建筑用地，会有人撒上综合花草种子，其中大都含有紫苜蓿，有时紫苜蓿会成为优势物种。

草木犀

拉丁学名: *Melilotus officinalis*

别名: 黄香草木犀

分类类群: 豆科 草木犀属

形态特征: 二年生草本, 高40～100厘米, 羽状三出复叶, 总状花序, 花黄色, 蝶形花冠。

实用观察信息: 生于低海拔荒地、草丛、田间, 北京市各地(如奥林匹克森林公园、朝阳公园、亮马河河畔等地)都可能见到。花期5月至8月, 为最佳观察时间。

在清代《植物名实图考》一书中, 草木犀被称作"辟汗草", 相传古人采集了它的花枝, 放在头发之中, 用来遮蔽汗水之气。此外, 书中认为北宋时记载有一种叫作"芸"的植物, 又称芸香, 可能就是今天的草木犀, 将它夹在书中, 可以防止蠹虫啃食。

草木犀的香味源于香豆素, 虽然干燥后闻起来有淡香, 但是吃起来味苦。草木犀霉变后, 香豆素会被真菌等微生物转变成双香豆素, 这是一种抗凝血剂, 如果牲畜误食, 会导致中毒。草木犀是一种主要蜜源植物, 也可用作牧草, 但要防止霉变。

在一些植物学资料中, 北京另有一种黄香草木犀分布。如今它和草木犀已归并为同一物种。

大花野豌豆

拉丁学名：*Vicia bungei*

别名：三齿萼野豌豆、山豌豆

分类类群：豆科 野豌豆属

形态特征：一年生或二年生草本，茎匍匐或缠绕，偶数羽状复叶，花紫红色，蝶形花冠，荚果扁长圆形。

实用观察信息：生于低海拔荒地、草丛、山坡、河畔等地，北京市各地（如奥林匹克森林公园、紫竹院公园、金山、清华大学校园等地）都可能见到。花期4月至5月，为最佳观察时间。

在民间，大花野豌豆有时也被俗称为"野苜蓿"，但它并不是真正的苜蓿。民间偶尔有人采摘大花野豌豆的嫩叶或嫩果荚，炒熟后食用。

多种野豌豆属的植物与食用的豌豆类似，羽状复叶叶轴顶端的小叶特化为卷须，用于攀援，在春季可以观察卷须的形态和攀援方式。据资料记载大花野豌豆是一年生或二年生植物，但在北京，通常是第一年种子发芽，植株生长至秋季枯萎，地下根茎依然存活，第二年春季重新萌发，在春夏之交开花结果。

蛇莓

拉丁学名：*Duchesnea indica*

别名：长虫食儿

分类类群：蔷薇科 蛇莓属

形态特征：多年生草本，常葡匐生长，三出复叶，花黄色，花瓣5枚，果托膨大，红色。

实用观察信息：生于低中海拔的路边、草丛、山坡，北京市各地（如奥林匹克森林公园、香山、紫竹院公园、日坛公园等地）都可能见到。花期4月至7月，果期5月至10月，其间都适宜观察。

蛇莓果实与草莓果实的结构相似：红色、膨大的部位，其实是开花时的花托，在果期变成果托。真正的果实是在膨大的果托上，细小如"种子"的小颗粒。

古人对蛇莓常有误解，例如：蛇莓由老蛇变化而来，蛇莓是蛇的唾液所化，蛇会从蛇莓中钻出，蛇莓是蛇的食物。有的说法流传至今，例如北京、河北民间，就把蛇莓俗称为"长虫食儿"（蛇俗

称"长虫")。还有人认为蛇莓有毒。实际上蛇莓只是口感不佳，偶尔吃一两颗并无大碍，但城市公园中的蛇莓很可能带有农药残留。

金露梅

拉丁学名：*Potentilla fruticosa*

别名：金老梅

分类类群：蔷薇科 委陵菜属

形态特征：灌木，高0.5～2米，多分枝，奇数羽状复叶，花黄色，花瓣5枚。

实用观察信息：生于高海拔靠近山顶的灌丛、石缝中，在北京东灵山、百花山、海坨山等地可见。花期6月至7月，为最佳观察时间。

金露梅在亚洲、欧洲、北美洲都有分布，是西方花园中的常客，园艺学家已把金露梅驯化，并培育出了很多园艺品种，花色除了金黄色之外，也有淡黄色、白色、橙红色、红色等，但在我国较少见栽种。

北京野生的金露梅生长在高海拔山区。近些年来，在北京城区，有时可见栽种的金露梅，它们大都是经过驯化的园艺品种。例如西坝河附近小区中，就栽种过金露梅园艺品种，在5月上旬就会开花，至6月花落，与北京野生的金露梅花期（6月至7月，有时可延至8月上旬）有别。

此外，首都师范大学、中国科学院植物研究所北京植物园等地，引种有原生的金露梅，已栽种数十年，可适应低海拔环境。

朝天委陵菜

拉丁学名： *Potentilla supina*

分类类群： 蔷薇科 委陵菜属

形态特征： 一年生或二年生草本，茎常平展、匍匐，多分枝，奇数羽状复叶，花黄色，花瓣 5 枚。

实用观察信息： 生于低中海拔荒地、草丛、山坡、路边，较干旱的环境也可生长，北京市各地（如金山、圆明园遗址公园、地坛公园、北师大校园等地）都较常见，城市中的道路旁和小区内，也经常能够见到。花期 5 月至 8 月，为最佳观察时间。

　　委陵菜属植物的名称来自明代《救荒本草》一书，"生田野中，苗初搨地生，后分茎叉，茎节稠密，上有白毛，叶彷彿类柏叶"。多种委陵菜都有类似特征，有人认为委陵菜的名字，可能是因为苗初生时贴地，如委伏于山陵（大土山）的样子。

　　明代《野菜谱》中有一种植物叫"天藕儿"，近年有人考证，认为它是生在平原地区的委陵菜属植物，很可能是最常见的朝天委陵菜。《野菜谱》中称这种植物的根可食用，充饥的效果和莲藕相似，但茎叶不可食。此外，书中还有关于"天藕儿"的诗歌："天藕儿，降平陆，活生民，如雨粟。昨日湖边闻野哭，忽忆当年采莲曲。"

美蔷薇

拉丁学名：*Rosa bella*

别名：野玫瑰、刺儿玫

分类类群：蔷薇科 蔷薇属

形态特征：灌木，高 1～3 米，枝上有刺，奇数羽状复叶，花粉红色，偶尔有白色，花瓣 5 枚，果近似于椭球形。

实用观察信息：生于中高海拔的山坡、林缘，在北京百花山、东灵山、海坨山、喇叭沟门等地可见。花期 5 月至 7 月，果期 8 月至 9 月，其间都适宜观察。

美蔷薇的小枝上，生有细而直立的皮刺，在老枝上比较密集，在新枝上较稀疏。蔷薇属植物的果实是一种特殊类型，称为"蔷薇果"，"果肉"主要由花托发育而来，其中包含着数枚种子状的瘦果。美蔷薇果实外壁上生有腺毛，果实成熟时为猩红色，味道酸甜，可作为野果食用，也是多种鸟类等野生动物的食物。

京郊俗称的"刺儿玫"，是美蔷薇和另一种蔷薇属植物山刺玫的统称。在山货摊上偶尔可见"刺儿玫果"，就是这两种蔷薇的果实。如今北京市区或近郊（如奥林匹克森林公园），有时会栽种美蔷薇用于绿化或观赏，是本土植物用于园林绿化的有益尝试。

地榆

拉丁学名：*Sanguisorba officinalis*

别名：黄瓜香

分类类群：蔷薇科 地榆属

形态特征：多年生草本，高 30 ~ 120 厘米，奇数羽状复叶，穗状花序近似圆柱形，花红色或红褐色，萼片 4 枚，花瓣状。

实用观察信息：生于低海拔至高海拔的山间草坡、沟谷、林缘或亚高山草甸，在北京西部和北部山区（如香山、松山、百花山、东灵山等地）较为常见。花期 6 月至 8 月，为最佳观察时间。

在《唐本草》一书中称地榆"叶似榆而长，初生布地"，所以名叫地榆，又因为它的整个花序常常是紫黑色的，形如豆豉，所以别名又叫"玉豉"。古人采石炼制丹药时，把地榆当作重要的添加剂，有助于成功炼制。

古时地榆是一种常见野菜，它的根可以用来酿酒，也可以直接炸食，嫩叶用沸水焯后可凉拌，也可炒食，另外也能够当作茶饮。地榆在华北地区民间俗称为"黄瓜菜"，因为它的茎叶揉碎后，有淡淡的黄瓜清香味。如今在京郊也有人把地榆的嫩叶当作野菜，用它来炒鸡蛋或者泡茶。

山林中的野生地榆有时可观察到"吐水现象"：清晨，小叶片边缘每个锯齿先端挂着水滴。

土庄绣线菊

拉丁学名：*Spiraea pubescens*
别名：柔毛绣线菊
分类类群：蔷薇科 绣线菊属
形态特征：灌木，高1～2米，伞形花序，花白色，花瓣5枚，雄蕊多枚。
实用观察信息：生于低海拔至高海拔的山坡、林下、林缘，在北京西部和北部山区（如香山、妙峰山、百花山、上方山等地）较为常见。花期5月至6月，为最佳观察时间。

绣线菊属的名称，古时所指并非现在的绣线菊，而是菊花的观赏品种。大约从宋代起，这个名字被人用来指菊花，明代《群芳谱》中说，"花头碎紫，成簇而生，心中吐出素缕，如线之大"，所以这个品种的菊花叫绣线菊。在20世纪中叶，由于对植物中文名称的查证不够严谨，出现了张冠李戴，从此绣线菊才用来指蔷薇科绣线菊属的一类植物。

清代《植物名实图考》中有一种"珍珠绣球"，描述称它"开五瓣小白花，攒簇如球"，结合绘图来看，应是绣线菊属植物，并有可能和土庄绣线菊近似。

作为本土物种，土庄绣线菊在北京市区（如清华大学、北京教学植物园等地）有时也可见引种，但并非常见花卉。

三裂绣线菊（*Spiraea trilobata*），植株形态和花形与土庄绣线菊相似，但叶片特征不同。三裂绣线菊叶片近圆形，常3裂，通常无毛。土庄绣线菊叶片菱状卵形至椭圆形，有时3裂，叶片两面有毛。生境和花期与土庄绣线菊相似。

　　毛花绣线菊（*Spiraea dasyantha*），植株形态和花形与土庄绣线菊相似，但小枝呈明显的"之"字形弯曲，花萼外面密被白色绒毛，雄蕊长度仅为花瓣的一半（土庄绣线菊小枝稍弯曲，花萼外面近无毛，雄蕊与花瓣近等长）。生境和花期与土庄绣线菊相似。

三裂绣线菊

毛花绣线菊　　089

酢浆草

拉丁学名：*Oxalis corniculata*
别名：三叶草、酸咪咪
分类类群：酢浆草科 酢浆草属
形态特征：多年生草本，高 10 ~ 35 厘米，三出复叶，小叶倒心形，花黄色，花瓣 5 枚。
实用观察信息：生于低中海拔的草丛、路边、山坡、林下、房前屋后，北京市各地（如各大公园、校园、小区中）都很常见。花期 4 月至 9 月，为最佳观察时间。

　　酢浆草含有草酸，吃起来有酸味。明代《救荒本草》一书中称之为"酸浆草"，又因"酢"与"醋"字相通，所以"酢"的意思就是酸。古人用它的茎叶擦拭铜镜、铜器，利用叶片中的草酸来去污增亮。

　　因为有酸味，小孩子会采摘它的叶片或根茎品尝。但由于草酸在人体内难以代谢，所以不应多吃。此外在北京民间，酢浆草也被

称为"三叶草""炸酱草"。由于它的每一枚叶片具有 3 片小叶，所以被称为三叶草，但实际上它和西方故事中的三叶草不是同一种植物。"炸酱草"是因 20 世纪后期，"酢"字被误读为"炸"而来，与作为食物的炸酱无关。

　　酢浆草的花有时中部具有一圈红色。有人认为，含有花青素较多的个体，花具有红圈，同时叶片带有紫红色，花无红圈的个体，叶片通常是绿色的。酢浆草的果实成熟后，会将种子弹出，容易在花盆中大量繁殖，种子常被误认为"褐色小虫"。有些小孩子喜欢捏爆酢浆草的果实，来观察种子弹射的过程。

鸡腿堇菜

拉丁学名：*Viola acuminata*

别名：鸡腿菜

分类类群：堇菜科堇菜属

形态特征：多年生草本，高 10 ～ 40 厘米，花白色，有时带淡蓝紫色，花冠两侧对称。

实用观察信息：生于中高海拔的山间林下、溪边，在北京西部和北部山区（如松山、百花山、东灵山、碓白峪等地）比较常见。花期 5 月至 7 月，为最佳观察时间。

鸡腿堇菜在民间俗称"鸡腿菜"，这一说法可能是从东北地区流传而来。之所以名叫"鸡腿"有两种说法：一种是说它的叶片，在叶柄基部有明显的托叶，托叶羽状深裂，看上去像是一簇绿色的细毛；另一种说法，是说它的花冠喉部有白色的须毛。这两种观点都是说，细毛或须毛像毛腿鸡的腿。虽然鸡腿堇菜的嫩叶在民间也可以当作野菜食用，但并没有鸡腿的味道。

蒙古堇菜（*Viola mongolica*），叶片形态和花形与鸡腿堇菜相似，但蒙古堇菜仅有基生叶，没有地上茎，鸡腿堇菜有地上茎。蒙古堇菜生于中高海拔较开阔的山地、草坡、林缘等处，春季开花。

鸡腿堇菜群落

鸡腿堇菜的托叶

蒙古堇菜

双花堇菜

拉丁学名：*Viola biflora*

别名：双花黄堇菜

分类类群：堇菜科 堇菜属

形态特征：多年生草本，高 10～25 厘米，叶片肾形或心形，花黄色，花冠两侧对称。

实用观察信息：生于中高海拔的山间林下、溪边、草坡、林缘，在北京西部和北部山区（如松山、百花山、东灵山等地）可见。花期 5 月至 7 月，为最佳观察时间。

双花堇菜的名称来自它的拉丁学名，但实际上在野外见到的大多数个体，花都是单生的，两朵花并生的情况并不多。也有人依据花色，将它称为"双花黄堇菜"。堇菜属植物的花冠，实际上是由 5 枚花瓣组成的。双花堇菜的下花瓣，基部有紫色条纹。这也是很多堇菜属植物的共有特点，称为"蜜导"，作用是引导访花昆虫准确定位到花朵中央，提高传粉效率。

在北京，双花堇菜从中海拔的山林下、溪边，到较高海拔的林缘、草甸都可见到，不同环境的植株，形态也有所差异。生于中海拔溪边时，植株相对较开展，叶片稍宽大；生于亚高山草甸时，植株相对低矮，叶片也明显偏小。

早开堇菜

拉丁学名：*Viola prionantha*

别名：地丁

分类类群：堇菜科 堇菜属

形态特征：多年生草本，高3～10厘米，叶基生，花紫色，花冠两侧对称。

实用观察信息：生于低中海拔的路边、草丛、山坡、房前屋后，北京市各地（如各大公园、校园、小区中）都很常见。花期3月至5月，果期5月至7月，有时秋季也会开花，其间都适宜观察。

　　堇菜属名字中的"堇"，有可能来自它们的植株形态或生长特性。《植物名释札记》一书中说："凡堇声之字，尝有少、小之义。"意思是说，堇菜植株的高度比较低矮，"堇"字指的是矮小。也有人认为，"堇"的意思是"少""短暂"，因为它在春季开花，繁荣一时，然后忽然花落不见，只有短暂的一生。

　　早开堇菜自古就常被人当作野菜食用，它的嫩叶可以用开水焯后凉拌，地下粗大的直根也可以蒸食。早开堇菜的根从功能上来说，是一种"贮藏根"，会将能量积蓄在根内，用以过冬，春季开花之后，根中的能量消耗掉，它会再生长出一条新的直根，重新储存能量。但也因为这一特性，导致它的根容易受到病虫害侵袭。

早开堇菜群落

紫花地丁（*Viola philippica*），植株形态和花形与早开堇菜相似，而且这两个物种有可能存在自然杂交的情况。二者主要的区别在于叶片：早开堇菜的叶片，长度通常不超过宽度的2.5倍，叶片大多平展，靠近地面；紫花地丁叶片更狭长，长度超过宽度的2.5倍，叶子大多向斜上竖起。二者生境相似，但紫花地丁花期稍晚。

早开堇菜和紫花地丁常被混淆，华北民间所说的"地丁"，也是这两个物种的统称。在北京，野外可以观察到淡紫色、深紫色的早开堇菜，偶尔可见淡紫红色。紫花地丁的花通常是较深的紫色。

紫花地丁

紫花地丁的花

细距堇菜

拉丁学名： *Viola tenuicornis*

分类类群： 堇菜科 堇菜属

形态特征： 多年生草本，高 2～13 厘米，叶基生，花紫色或紫红色，花冠两侧对称。

实用观察信息： 生于低中海拔的山坡，在北京香山、金山、松山等地可见。花期 4 月至 5 月，为最佳观察时间。

细距堇菜名字中的"距"，是指它的下花瓣后部，具有一个细管，花朵的雄蕊会生成蜜腺，在"距"中生成花蜜。昆虫如果想要吃到花蜜，就要钻入花朵中，这样就可以为花传粉。很多堇菜属植物都有这样的构造。

细距堇菜和其他一些堇菜属植物具有"闭锁花"现象：它们拥有两种花，通常在春季开放的是"完全花"，有花冠；在夏季水肥条件好、高温高湿时，有时会生出"闭锁花"，花朵不开放，也不起眼，直接自花传粉，发育成果实。这是在不同季节采取的两种繁殖策略：完全花所结的种子比较重、发芽率高，适于近距离扩散；闭锁花所结种子比较轻、发芽率低，适于远距离扩散。人工栽种的堇菜属植物，由于水肥充足，有时只生出闭锁花。

北京有很多野生的堇菜属植物，花形大都比较相似，但花色和叶形多样。在讲解同一植物类群中的物种多样性时，堇菜属可作为例子。细距堇菜、斑叶堇菜、北京堇菜等物种，某些形态特征（例如叶片是否沿叶脉具有白色条纹、叶背是绿色还是紫色）不能单独作为区分物种的依据，要结合多个特征，综合判断。可以在春季去野外观察它们彼此之间的异同。

斑叶堇菜（*Viola variegata*），植株形态和花形与细距堇菜相似，但叶片较宽，叶片正面沿着叶脉常有白色条纹。生境和花期与细距堇菜相似。

裂叶堇菜（*Viola dissecta*），花形与细距堇菜相似，但植株较大，叶片掌状细裂，花紫色或紫红色，有时具浅色条纹。生境和花期与细距堇菜相似，有时分布海拔更高。

北京堇菜（*Viola pekinensis*），植株形态和花形与细距堇菜相似，但叶片通常为心形，而细距堇菜常为宽卵形。北京堇菜的花常为粉色或白色。生境和花期与细距堇菜相似，"模式标本"采自北京。

斑叶堇菜（摄影：刘冰）

裂叶堇菜　　　　　　　　　　　　　　北京堇菜

乳浆大戟

拉丁学名: *Euphorbia esula*

别名: 猫眼草

分类类群: 大戟科 大戟属

形态特征: 多年生草本,高30～60厘米,具白色乳汁,根圆柱状,杯状聚伞花序,呈二歧分枝,苞片对生,心形,花较小,黄绿色。

实用观察信息: 生于低中海拔的荒地、草丛、山坡,在北京金山、松山、小龙门林场等地比较常见,城区内(如紫竹院公园、清华大学校园等地)有时也可见到。花期4月至6月,为最佳观察时间。

乳浆大戟的聚伞花序下部,具有一对心形苞片,从正上方看像猫眼,所以又叫"猫眼草"。它真正的花很小,生在苞片之内,苞片里还有弯月形腺体,可用放大镜观察。乳浆大戟有两种类型的枝条:一种是不开花的不育枝,叶片密生,如同松叶;另一种是开花的可育枝,叶片稀疏。

之所以名为"乳浆",是因为它的体内具有白色乳汁,茎叶折断后乳汁就会流出。这种植物全株有毒,皮肤接触乳汁后,容易出现红肿、水泡。清代《植物名实图考》中记载的民谚"误食猫眼,活不能晚",就是指它的毒性较强,误食会腐蚀胃肠黏膜。民间有时会把它用于杀虫、毒鼠,但要防止人或牲畜误食。

牻牛儿苗

拉丁学名：*Erodium stephanianum*

别名：太阳花、老鸹针

分类类群：牻牛儿苗科 牻牛儿苗属

形态特征：多年生草本，高15～50厘米，花紫红色，花瓣5枚，蒴果细长，其喙……

实用观察信息：生于低中海拔荒地、草丛、山坡，北京市各地（如香山、金山、奥林匹克森林公园等地）都可见到。花期4月至6月，果期6月至8月，其间都适宜观察

明代《救荒本草》一书中称，牻牛儿苗又名"斗牛儿苗"，它的果实"上有一嘴甚尖锐，如细锥子状，小儿取以为斗戏"。有人认为，北方俗称雄牛为"牻牛"，牻牛好斗，因此"牻牛儿苗"与"斗牛儿苗"意思相近。在北方民间，有时会采摘牻牛儿苗的嫩叶，与红枣一同煮水，之后加糖饮用。

牻牛儿苗多生长在比较干燥的环境中，果实未成熟时细长，成熟之后开裂，一枚果实有5个果瓣，从基部与中轴分离，每个果瓣顶端的喙会卷曲成螺旋形。果瓣落到地面后，会因为环境湿度变化而旋转着或拧紧或放松，产生旋转的推力，如同红酒开瓶器一般，将种子推入地下，这样种子就可以更安全地生根发芽。这是植物适应干燥环境的一种繁殖方式。

千屈菜

拉丁学名: *Lythrum salicaria*

别名: 水柳

分类类群: 千屈菜科 千屈菜属

形态特征: 多年生草本，高30~100厘米，茎四棱，叶对生或三叶轮生，花紫红色，花瓣6枚。

实用观察信息: 生于低中海拔的山间溪流、河滩、水边湿地，在北京永定河、拒马河流域以及碓臼峪等地可见，城市中的人造湿地上（如元大都遗址公园、人定湖公园等地）也常见栽种。花期6月至9月，为最佳观察时间。

《植物名释札记》一书中称，千屈菜的名字或许是由于它的花是淡紫红色（即古时所说的茜色），叶片可食，像"苣菜"，因此叫作"茜苣菜"，后来被误读成了千屈菜。由于它常生于河边湿地，叶片狭长如柳叶，所以别名"水柳"。

千屈菜是我国的原生物种，被引入北美洲后逸为野生，大规模入侵湿地，难以控制，被称为"紫色瘟疫"。在北京，20世纪80年代开始，人们常把它栽种在大水缸里，和荷花一起组成夏季景观。特别是在朝阳区塔园村附近的使馆区，直至21世纪初，到了夏季，几乎每个使馆门口都有两缸千屈菜。

柳兰

拉丁学名：*Chamerion angustifolium*

别名：火烧兰

分类类群：柳叶菜科 柳兰属

形态特征：多年生草本，高 20～130 厘米，叶狭披针形，花紫红色，花瓣 4 枚。

实用观察信息：生于中高海拔山间林缘、草坡，在北京白草畔、喇叭沟门、东灵山等地可见。花期 7 月至 8 月，为最佳观察时间。

柳兰的分布非常广泛，遍布整个北半球。由于植株高大，花色艳丽，在山间草坡和林缘非常显眼。柳兰的种子顶端长有白色簇毛，容易随风飘飞，可以带着种子飞到远处。如果种子落在相对开阔、光照充足的地带，生根发芽后，就会在地下长出匍匐生长的根状茎。靠着扩张能力很强的根状茎，几株柳兰就会长成一片。

有时由于着火、泥石流或人为原因，森林之中会有一块区域的树木集中死亡，在山坡上出现一片空隙，这种现象称为"林窗"。植被在恢复时，首先生长起来的是草本植物，柳兰就经常出现在这样的林窗里，形成大片的群落。新生的乔木渐渐长大后，柳兰也渐渐退至林缘地带。

苘麻

拉丁学名：*Abutilon theophrasti*

别名：青麻、白麻

分类类群：锦葵科 苘麻属

形态特征：一年生草本，高50～200厘米，花黄色，花瓣5枚，蒴果半球形，由15～20个分果瓣组成。

实用观察信息：生于低中海拔荒地、草坡、路旁，常在较干旱的撂荒地上生长，北京市各地（如北沙河、斋堂等地）都可能见到。花期6月至8月，为最佳观察时间。

据《本草纲目》之中记载，苘麻因为"种必连顷"，所以取了和"顷"读音相同的名字。相传张骞通西域时，将苘麻引入中原，作为纤维植物。直到清代《植物名实图考》一书中称，"北地种之为业"，苘麻依然是重要的作物。同时，在邻近河滨的地区会大量种植苘麻，以此混合高粱秸，可以坚固河堤。

近代以来，由于苘麻的纤维质地粗糙，难以制成衣物，只能用于工业，所以渐渐乏人栽种了。北京地区的苘麻，早已由人为栽种逸生至野外，成为了野生植物。在20世纪末21世纪初，北京的建筑工地、撂荒地附近，苘麻非常常见。小孩子会把苘麻的花瓣粘在耳朵上当耳环，有时还会摘

它的嫩果实吃，当作一种游戏。过去有些人不认识"苘"字，常把它误读或误写为"青麻"。

苘麻的果实

建筑工地附近生长的苘麻

冬季苘麻群落（果期）

荠菜

拉丁学名：*Capsella bursa-pastoris*
别名：荠荠菜
分类类群：十字花科 荠属
形态特征：一年或二年生草本，高10～50厘米，基生叶丛生，花白色，花瓣4枚，短角果倒心形。
实用观察信息：生于低中海拔的草丛、路边、山坡、房前屋后，北京市各地（如城市路边、草坪，以及公园、小区等地）都很常见。花期3月至5月，为最佳观察时间。

荠菜自古以来就是知名的野菜。《诗经》中说"其甘如荠"，就是因为古人把荠菜看作味道甘甜的野菜。古时民谚称"三月三，荠菜当灵丹"，说明荠菜适宜在春季食用。南宋诗人陆游的诗句说，"挑根择叶无虚日，直到开花如雪时"，意思是要抓紧时间采收荠菜新生出的嫩叶，如果等到白色的荠菜花开，叶片就不再鲜嫩，不宜食用了。李时珍认为，荠菜在春日里繁茂密集，像是济济一堂的样子，所以"荠"字是从"济济"而来的。

在北京各地，也都有春季吃荠菜的习俗，通常用荠菜做馅儿，包饺子、蒸包子或制作菜团子。荠菜适宜食用的部位是嫩叶，但由于叶片形状变化较大，一年生

荠菜的基生叶 独行菜的基生叶

植株和二年生植株的叶形也有一定差别，没有经验的话，有可能与
其他植物混淆。例如北京常见的独行菜，俗称"辣根儿"，叶子和
荠菜相似，但没有清香味儿，反而有辛辣味儿。如今，菜市场上也
能买到人工栽种的荠菜，肥嫩鲜美，因此不需要再专门去挖野菜。

独行菜（*Lepidium apetalum*），春季的基生叶与荠菜近似，但
植株、花和果实都不相同。独行菜具有较多线形的茎生叶；花红绿
色或红褐色，无明显花瓣，仅有萼片；果实为短角果，近圆形。生
境和花期与荠菜相似。

荠菜群落 独行菜植株 107

白花碎米荠

拉丁学名：*Cardamine leucantha*

别名：山荠菜

分类类群：十字花科 碎米荠属

形态特征：多年生草本，高 30 ～ 75 厘米，奇数羽状复叶，花白色，花瓣 4 枚。

实用观察信息：生于中高海拔山间的林下、林缘、溪边，在北京西部和北部山区（如百花山、松山、东灵山、喇叭沟门等地）比较常见。花期 5 月至 6 月，为最佳观察时间。

　　数种常见的碎米荠属植物都开白色小花，它的中文名可能源于花如碎米、叶子像荠菜。明代《野菜谱》一书中称，碎米荠可以捣碎食用，其中还有一首诗说："碎米荠，如布谷，想为饥民天雨粟。官仓一月一开放，造物生生无尽藏。"但古时说的碎米荠，难以准确判断属于如今碎米荠属哪个物种。

　　白花碎米荠在京郊比较常见，如北京门头沟区、房山区等地，春季都有人采摘它的嫩叶作为野菜。民间通常认为，只有生于溪边水畔的白花碎米荠可食，生在山林中的往往无人采摘。

豆瓣菜

拉丁学名：*Nasturtium officinale*

别名：水生菜、西洋菜、水菠菜

分类类群：十字花科 豆瓣菜属

形态特征：多年生水生草本，高 20～40 厘米，茎匍匐或浮水生长，奇数羽状复叶，花白色，花瓣 4 枚。

实用观察信息：生于低中海拔山区的溪中、河流浅水处、水塘边湿地，在北京拒马河、永定河、沟河部分河段，以及碓白峪、小龙门林场、白羊沟等地都可见到。花期 5 月至 8 月，为最佳观察时间。

在 20 世纪初，豆瓣菜因葡萄牙人作为蔬菜栽种、食用，是西方人喜爱的食物，因此被俗称为"西洋菜"。在北京山间的溪流中，冬季豆瓣菜可沉于冰面之下，全年常绿。

如今，京郊常见有人将它当作野菜采摘。在平谷区，民间俗称它为"水菠菜"，可作为凉菜，也可做馅儿包饺子。不过，有时在豆瓣菜的茎叶上会携带有寄生虫卵或其他有害物质，因此应该洗净，彻底做熟后才适合食用。菜市场上的豆瓣菜都是人工栽种，相对更为安全可靠。不过菜市场上出售的豆瓣菜，茎叶比较柔弱瘦长，野生的豆瓣菜更为紧致，二者的形态看上去有少许不同。

诸葛菜

拉丁学名：*Orychophragmus violaceus*

别名：二月蓝

分类类群：十字花科 诸葛菜属

形态特征：一年或二年生草本，高 10～50 厘米，花紫色或淡紫色，有时淡紫红色或白色，花瓣 4 枚。

实用观察信息：生于低中海拔平原或山地，常见于路边、草丛、房前屋后，北京市各地（如各大校园、公园、小区中）都可见到。花期 3 月至 5 月，为最佳观察时间。

诸葛菜的名字确实源于三国时的蜀汉丞相诸葛亮，但明代《夜航船》一书中考证，真正的"诸葛菜"应是作为常见蔬菜栽种和贩卖的蔓菁。在 20 世纪前期，由于混淆，把诸葛菜的名字安放在了同为十字花科的野花上，于是现在的诸葛菜成了"名不副实"的诸葛菜。

诸葛菜在北京民间俗称二月蓝（有时因用字之误，也写作"二月兰"），是北京春季常见的野花。早在 20 世纪 80 年代，天坛公园树下的大片"二月蓝花海"就已知名。如今，在一些沟渠、河堤、路边树下（如西坝河、小月河、南旱河），绿化部门也会播撒诸葛菜的种子，形成春季开花的景观。

北京民间有时也食用诸葛菜的嫩叶，较讲究的吃法是，用姜末、绍酒、盐、糖，急火快炒，滋味鲜美，味道类似枸杞头。

风花菜

拉丁学名：*Rorippa globosa*

别名：球果蔊菜

分类类群：十字花科 蔊菜属

形态特征：一年或二年生草本，高20～80厘米，叶长圆形，边缘不整齐齿裂，花黄色，花瓣4枚。

实用观察信息：生于低海拔的草坡、荒地、路边、湿地、房前屋后，北京市各地（如各大公园、校园、小区中）都很常见。花期6月至8月，为最佳观察时间。

风花菜的名称出自明代《救荒本草》，其中记载，可以把它的嫩叶用开水烫熟，再浸泡在凉水中去除苦味。因为风花菜所在类群蔊菜属，通常都会有苦味或辛辣味，古人吃蔊菜属植物时，起初是把植株连根食用的，所以"蔊菜"的名称也是源于它的味道"如火焊人"，辛辣味很重。风花菜的果实是短角果，近球形，因此又叫"球果蔊菜"。

沼生蔊菜（*Rorippa palustris*），植株形态和花序与风花菜相似，但叶片（特别是靠近植株中下部的叶片）羽状分裂，短角果为椭圆形或圆柱形，而非球形。沼生蔊菜生于草丛、湿地，在河湖边较常见，有时可成为农田或花园杂草，花期5月至7月。

沼生蔊菜　　　　　　　　　　　　　　糖芥

　　小花糖芥（*Erysimum cheiranthoides*），植株形态和花序与风
花菜比较相似，但叶片叶披针形或线形，长角果圆柱形。生于低中
海拔的荒地、山坡，花期 4 月至 5 月。

　　糖芥（*Erysimum amurense*），植株形态和小花糖芥比较相似，
但更高大，花橙色，较大而醒目。生于中高海拔的山坡、林缘，花
期 6 月至 8 月。

沼生蔊菜的花　　　　　　　　　　　　小花糖芥

红蓼

拉丁学名：*Polygonum orientale*

别名：狗尾巴花、荭草

分类类群：蓼科 蓼属

形态特征：一年生草本，高 80～200 厘米，茎粗壮，节膨大，总状花序密集呈穗状，常下垂，花紫红色，花被 5 深裂。

实用观察信息：生于低海拔水边湿地、村边荒地，在北京潮白河、永定河部分河段，以及汉石桥湿地、圆明园遗址公园、奥林匹克森林公园等地都可见到。花期 7 月至 9 月，为最佳观察时间。

《尔雅》中将红蓼称为"红"，《诗经》中称之为"游龙"。红蓼经常生在水边湿地，由于古时常在河畔码头送别，所以红蓼也用来寄托离愁，例如唐代诗人司空图的诗中说："河堤往往人相送，一曲晴川隔蓼花。"

在北京的民间，红蓼俗称为"狗尾巴花"或者"狗尾巴红"，这里"尾巴"读作 yǐ'ba，是一种常见的栽种花卉，如今在一些村中依然能够见到。

在 20 世纪中后期，北京有一种点心叫作"蓼花"，用江米面油炸制成，呈棒状，中心空而松脆，外面浮蘸白糖。可能由于它的外形和红蓼的花序相似，因此得名，过去在北京的糕点铺很常见。

酸模叶蓼（*Polygonum lapathifolium*），植株比红蓼矮小，花序也更短小纤细，花淡紫红色或夹杂有白色。酸模叶蓼的叶片上，有时具有黑褐色新月形斑块。生境和花期与红蓼相似，多见于湿地，有时成片生长。

两栖蓼（*Polygonum amphibium*），植株可以生于水中，也可以生于陆上。生在水中时，叶片漂浮在水面，花序直立出水。生于陆上时，植株形态和酸模叶蓼略为相似。花期也与酸模叶蓼近似，但通常生在郊区的湖泊、池塘、水边湿地。

生于水中的两栖蓼

生于湿草地的两栖蓼

酸模叶蓼

酸模叶蓼的花序

酸模叶蓼的叶片

珠芽蓼

拉丁学名：*Polygonum viviparum*

分类类群：蓼科 蓼属

形态特征：多年生草本，高 15 ~ 60 厘米，总状花序呈穗状，花白色
或淡粉红色，花被 5 深裂，花序下部常生有珠芽。

实用观察信息：生于高海拔山间草坡、亚高山草甸、林缘，在北京东
灵山、百花山、白草畔等地可见。花期 5 月至 6 月，果期 6 月至 8 月，
其间都适宜观察。

珠芽蓼的花序密集，直立，在上半部分开花，下半部分经常带
有多个"珠芽"。珠芽呈卵圆形，黄绿色或黄褐色，这不是它的果实，
而是它的另一种繁殖器官。如果珠芽掉落在地，可以立即生根发芽，
变成新的植株。有时珠芽还在花序上，就已经开始发芽，因此它的
花序有时看上去下部有一些绿色的"小叶片"，这就是发芽后的珠
芽形成的新叶。可以仔细观察这些珠芽，也可尝试利用珠芽培育幼苗，
了解植物的不同繁殖方式。

珠芽蓼的花序和珠芽　　　　　　　　　　　拳参的花序

　　此外，珠芽蓼在地下生有肥厚的根状茎，外形如同扭曲的拳头，因此也叫"珠芽拳参"。在 20 世纪末 21 世纪初，京郊有人去挖珠芽蓼和拳参（蓼属另一种植物）的地下根状茎，作为山货贩卖。这样做对亚高山草甸破坏严重，如今已无人乱挖了。

　　拳参（*Polygonum bistorta*），又叫拳蓼，植株形态和花序与珠芽蓼相似，但花序比珠芽蓼略粗，花序下部无珠芽，开花时，整个花序都由小花聚集而成。

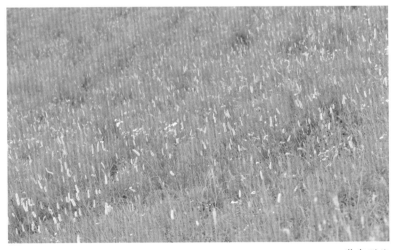

拳参群落

波叶大黄

拉丁学名：*Rheum rhabarbarum*
别名：华北大黄、河北大黄
分类类群：蓼科 大黄属
形态特征：多年生草本，高80～150厘米，基生叶宽大，未开花时花序带红色，花白绿色，花被6深裂。
实用观察信息：生于中高海拔山间草坡、石缝中，在北京东灵山、百花山、白草畔等地较常见。花期6月至8月，为最佳观察时间。

波叶大黄地下的根肥大粗壮，鲜嫩时为黄色，大黄属植物的中文名由此而来，在植物名称中，"大黄"的"大"字最好读作dài。原本北京山区的野生大黄属植物仅有一种，名叫华北大黄，在一些植物文献资料中，依旧按此记述。但近来的分类学观点认为，华北大黄应与另一物种波叶大黄归并为同一种，按照命名先后的原则，统一称作波叶大黄。

波叶大黄的叶柄味酸可食，在河北北部、内蒙古部分地区，通常将它蒸熟蘸白糖食用或制作成"大黄汁"。在欧洲，波叶大黄的杂交品种也是常见的蔬菜。不过在京郊，波叶大黄很少被人采食。位于平原地区的几座植物园，都曾成功栽种波叶大黄，用作教学展示或研究。

波叶大黄的花蕾

波叶大黄及其生境

119

石竹

拉丁学名：*Dianthus chinensis*

别名：铅笔花

分类类群：石竹科 石竹属

形态特征：多年生草本，高 30～50 厘米，茎节膨大，花通常紫红色，花瓣 5 枚，边缘有不整齐浅齿。

实用观察信息：生于低海拔至高海拔的山坡、石缝、草丛、林缘，在北京山区（如香山、百花山、上方山、雾灵山等地）可见。花期 5 月至 9 月，为最佳观察时间。

石竹的叶片狭长，如同竹叶，茎上有节，如同竹节，常生于荒野山石之间，因此得名"石竹"。虽然不是真正的竹子，但在古时它却被看作是和竹子一样有品格的植物。石竹的花瓣上经常有紫褐色斑或浅色条纹，5 枚花瓣的斑纹可以连接成环纹，古人将它比喻为天赐的罗衣。

石竹容易栽种，从 20 世纪 80 年代开始，在北京城区和近郊，石竹就是常见观赏花卉，或盆栽，或地栽，有时栽培的是石竹的园艺品种或石竹属的杂交种，观赏用的石竹品种花色更为多样。在 20 世纪后期，由于彩色铅笔用转笔刀削出的铅笔屑与石竹的花瓣相似，所以在民间石竹又被称为"铅笔花"。

瞿麦（*Dianthus superbus*），植株形态和花序与石竹相似，但花为紫红色，花瓣先端裂成细丝状。生于高海拔山间的草坡、林缘、亚高山草甸，夏季开花。古人有时也把石竹称为瞿麦，现在二者分别指不同的物种。

生于山间石缝中的石竹

城市里栽种观赏的石竹品种

瞿麦

剪秋罗

拉丁学名：*Lychnis fulgens*
别名：大花剪秋罗
分类类群：石竹科 剪秋罗属
形态特征：多年生草本，高 50～80 厘米，花鲜红色，花瓣 5 枚，叉
状 2 深裂。
实用观察信息：生于中高海拔林下、林缘，在北京东灵山、小龙门林场、
玉渡山等地可见。花期 6 月至 8 月，为最佳观察时间。

剪秋罗在古时又叫"剪罗花"，它的花瓣深裂，像是用剪刀裁剪过的样子，由此得名。清代文人陆求可的词中说："凭君唤作剪秋罗，试问秋罗谁为剪。"所描写的就是它的花瓣形态。不过古人认为，剪罗花可以分为剪春罗、剪夏罗、剪秋罗、剪冬罗等种类，另有剪红纱花，其实这种分类不一定是按照开花季节划分，所指的也应该都是剪秋罗属植物。

明代《群芳谱》一书中记载，剪秋罗又叫"汉宫秋""剪红罗"，从明代到清代，它都被当作观赏花卉，有时花枝也被剪下插作瓶花。

浅裂剪秋罗（*Lychnis cognata*），植株形态和花序与剪秋罗相似，但花为橙色或橙红色，花瓣先端

浅裂或中裂,裂片比剪秋罗略宽。有时野外也可见到介于剪秋罗和
浅裂剪秋罗之间的过渡类型个体。生境和花期与剪秋罗相似。浅裂
剪秋罗的"模式标本"采自北京百花山。

浅裂剪秋罗的典型形态(花橙色)

形态不典型的剪秋罗(花瓣分裂较浅)　　花橙红色的浅裂剪秋罗个体

123

繁缕

拉丁学名：*Stellaria media*

别名：鸡儿肠、鹅肠草

分类类群：石竹科 繁缕属

形态特征：一年或二年生草本，高 10～30 厘米，叶对生，花白色，花瓣 5 枚，每枚花瓣 2 深裂，看起来像是 10 枚花瓣。

实用观察信息：生于低中海拔的草丛、房前屋后、林下或水畔阴湿处，北京市各地(如大学校园、公园、小区等地)都较常见。花期从 3 月开始，直到 10 月都可能见到，适宜观察。

　　繁缕的中文名，按照《本草纲目》中的说法，"此草茎蔓甚繁，中有一缕，故名"，所谓"一缕"，可能指的是繁缕茎上常有纵向的一列细毛。繁缕别名叫作"滋草"，因为它是易于滋长的植物。

　　繁缕的种子容易自播，在花园、花盆中经常大量扩散，很难拔除干净。如果收集繁缕的种子，在放大镜或显微镜下观察，可以看到种子两侧压扁，形如蜗牛，黄褐色或红褐色，表面有瘤状凸起。

鹅肠菜（*Myosoton aquaticum*），又叫牛繁缕，植株形态和花形与繁缕相似，但雌蕊的柱头有别：繁缕的柱头 3 裂，鹅肠菜的柱头 5 裂。生境和花期与繁缕相似。

卷耳（*Cerastium arvense*），植株形态与繁缕相似，但植株明显具有白毛，叶片线状披针形，比繁缕狭窄。卷耳的每枚花瓣 2 浅裂，雌蕊柱头 5 裂。生于中高海拔山间草坡、石缝中，花期 5 月至 6 月。

腺毛繁缕（*Stellaria nemorum*），植株形态和花形与繁缕相似，但全株都有腺状柔毛，花比繁缕略大。生于中海拔山间溪边，花期 5 月至 6 月。腺毛繁缕在松山、海坨山可见，过去北京的植物资料中没有记录，在 21 世纪初才被发现，是北京的植物分布新记录。

鹅肠菜　　　　　　　　　　　腺毛繁缕的花

卷耳　　　　　　　　　腺毛繁缕　　125

马齿苋

拉丁学名: *Portulaca oleracea*

别名: 马齿菜、麻绳儿菜、马尾儿菜

分类类群: 马齿苋科 马齿苋属

形态特征: 一年生草本，常匍匐生长，茎叶肉质，花黄色，花瓣5枚，顶端微凹。

实用观察信息: 生于低中海拔的路边、草丛、田间、荒地，北京市各地（如公园、小区等）都可能见到。花期5月至8月，夏秋都适宜观察。

　　马齿苋的叶形像是马牙，所以得名"马齿"。在北京，民间也把马齿苋称为麻绳儿菜、麻缨儿菜、麻英儿菜、马尾儿菜，此处"尾儿"读作 yǐr。又因为它的小叶像袜子底部，北京民间也把它叫"袜底儿菜"。马齿苋在古代就是一种常见野菜，古人将它的茎叶晒干，制成干菜，留到新年的时候吃。如今依然有人采摘马齿苋，拿来拌凉菜，民间也常有人吃马齿苋来治疗腹泻。

　　过去在北京有一种风俗：每年夏至这一天，去天坛城墙根挖马

齿苋吃，相传吃了可以长寿，因此也把它叫作"长命菜"。马齿苋纤维很少，入口黏滑，旧时饲养黄雀等鸟类玩赏的养鸟人，会用马齿苋作为补充饲料，称之为"啃青"。

在 20 世纪，北京城外近郊常有坟地，日晒充足，土壤干燥，适合马齿苋生长，所以小孩子把马齿苋称为"坟头草"。如今在城区，常可见到马齿苋从路边石缝里生出。它的生命力非常顽强，掐断的枝条在两三天后栽入土里，也可能重新生根成活。

马齿苋的花瓣顶端通常微凹，偶尔可见明显二裂。在上午晒到阳光后，它的花才会开放，但到了午后日照浓烈，花又会闭合。城市中常可以见到蚂蚁前来访花，并有可能为马齿苋传粉。

钩齿溲疏

拉丁学名：*Deutzia baroniana*

分类类群：绣球科 溲疏属

形态特征：灌木，老枝表皮片状脱落，花枝、叶、花上都生有星状毛，叶对生，卵状菱形，边缘有小锯齿，聚伞花序，花瓣 5 枚，花白色。

实用观察信息：生于低中海拔山间的沟谷、岩壁、灌丛，在北京上方山、百花山、小龙门林场等地可见。花期 4 月至 5 月，为最佳观察时间。

　　溲疏属的中文名来自古时医家对于这类植物的药效分析：名叫"溲疏"的植物入药，具有"止遗尿"的作用，"溲"的意思就是小便，可以让小便变少，由此得名。不过直到清代，人们大都认为，溲疏的果实为红色，形如枸杞。这与现在的溲疏属植物不符，可能是在 20 世纪初期，人们在确定植物中文名时出现了混淆。清代《植物名实图考》一书中有一种植物叫"衣白皮"，图文对照来看，有可能是溲疏属的某个种类。

　　钩齿溲疏的叶片、小枝、叶柄上，有时能够看到"星状毛"，

钩齿溲疏的花（可见叶片背面绿色）　　大花溲疏的花（可见叶片背面灰白色）

在放大镜或显微镜下可以看到，不同部位的星状毛辐射枝的数量不同：叶片正面的星状毛通常是 3 ~ 5 根辐射枝，叶片背面通常是 5 ~ 6 根辐射枝。星状毛特征还可作为区分不同物种时的判别依据之一，例如大花溲疏与钩齿溲疏，二者星状毛辐射枝的数量就不相同。

大花溲疏（*Deutzia grandiflora*），植株形态和花形与钩齿溲疏相似，但叶片形态有别。大花溲疏叶片背面灰白色（钩齿溲疏灰绿色），星状毛较密集，具有 7 ~ 11 根辐射枝。生境和花期与钩齿溲疏相似。

大花溲疏的花枝

水金凤

拉丁学名：*Impatiens noli-tangere*

别名：辉菜花

分类类群：凤仙花科 凤仙花属

形态特征：一年生草本，高40～70厘米，茎叶有时稍肉质，花黄色，常有红色斑点，花冠两侧对称，具有囊和距。

实用观察信息：生于中高海拔山区溪边、林间湿地，在北京松山、小龙门林场、碓白峪、白草畔等地可见。花期6月至8月，为最佳观察时间。

由于花朵形态与金凤相似，生于水边，所以这种植物得名"水金凤"，这个名字出自明代《滇南本草》一书。水金凤花的形态和结构比较特殊，萼片像是花瓣的样子，而且有一枚萼片变成宽漏斗形的囊状，喉部散生橙红色斑点，基部渐狭成为内弯的距。这些结构都是为了吸引昆虫前来取食花蜜，为水金凤传粉。

水金凤的果实是棒状的，成熟后，由于果皮内外的受力变得不均衡，稍遇风吹或被碰到，果皮就会卷曲、爆裂，将内部的种子弹射出去。

水金凤的植株较脆，容易折断。如果被人折下来拿在手中，茎叶会很快萎蔫。因此可以将它作为典型例子，建议游客文明观花，不要攀折或采摘野花。

花荵

拉丁学名：*Polemonium caeruleum*

分类类群：花荵科 花荵属

形态特征：多年生草本，高 30～100 厘米，地下有匍匐横生的根状茎，奇数羽状复叶，花蓝紫色，花瓣 5 枚。

实用观察信息：生于中高海拔的草坡、林缘、亚高山草甸，在北京小龙门林场、东灵山、百花山、海坨山、坡头林场等地可见。花期 6 月至 7 月，为最佳观察时间。

在华北地区民间，花荵曾经被俗称作"电灯花"，这个名字可能是因为它的花冠在即将全部展开时，像是 20 世纪中后期常见的灯罩。这种灯罩形如斗笠，罩在电灯泡顶部用于收拢光线，如今已不那么常见。也有人认为，"电灯花"这一别称，是由于花荵的雄蕊像是灯泡中的灯丝。

花荵是观赏价值较高的植物，西方园艺学家早已把花荵驯化，并在花园里栽种。在中国科学院植物研究所北京植物园、北京教学植物园等地曾经栽种过花荵，但栽种于低海拔地区时，它的花色可能会变淡。

花荵的种子外层有黏液细胞，干燥后呈膜质，就好像种子带了一层薄膜状的翅，有助于种子随风传播。

131

点地梅

拉丁学名：*Androsace umbellata*
别名：喉咙草、铜钱草
分类类群：报春花科 点地梅属
形态特征：一年或二年生草本，高 4 ～ 15 厘米，叶全部基生，花通常白色，花冠 5 裂。
实用观察信息：生于低中海拔的路边、草丛、山坡、荒地、房前屋后，北京市各地（如香山、奥林匹克森林公园、天坛公园等地，以及各大校园、小区内）都较常见。花期 4 月至 5 月，为最佳观察时间。

点地梅的花会随着时间推移，而发生颜色变化。它的花初开时，花冠白色，喉部黄色，此时花中含有丰富的花蜜，雄蕊能够释放花粉，柱头活性也强。开放一两天后，喉部由黄色渐渐变为淡红色，花冠也有可能逐渐变为淡粉红色，此时花中的花蜜枯竭，雄蕊、柱头也渐渐失去活性。

这是因为点地梅主要依靠蝇类传粉，蝇类对黄色敏感而不喜欢红色，花冠喉部颜色的变化，可以引导蝇类准确地找到初开的花朵，有效帮助植物传粉。其他点地梅属植物，特别是生于高原的物种，这一现象更为典型。

在春季时，可以寻找一片点地梅群落，观察昆虫喜爱访问的花，看看它的喉部是什么颜色的。

河北假报春

拉丁学名：*Cortusa matthioli* subsp. *pekinensis*

别名：北京假报春、京报春

分类类群：报春花科 假报春属

形态特征：多年生草本，高 20～40 厘米，叶基生，伞形花序，花下垂，紫红色，花冠 5 裂。

实用观察信息：生于中高海拔的山间林下、林缘或亚高山草甸，在北京西部和北部山区（如松山、百花山、东灵山等地）可见。花期 5 月至 6 月，为最佳观察时间。

假报春属的名称中之所以有一个"假"字，是因为它和真正的报春花属植物有细微的区别：假报春的雄蕊着生在花冠管的基部，而报春花的雄蕊着生在花冠的周围。而且假报春的雄蕊花丝很短，下部合生成膜质的短筒（需要解剖花冠才能够看清），仰视花冠内部，可以看到彼此靠拢的雄蕊花药。这种细微的差别，在植物分类学上比较重要。但即使是"假报春"，也是报春花科植物大家族中的一员。

河北假报春的"模式标本"在 20 世纪 30 年代采自河北省，但可能是在河北省与北京市交界的地区，因为它的拉丁学名是以"北京"（*pekinensis*）命名的，所以它也叫北京假报春、京报春。

133

狼尾花

拉丁学名：*Lysimachia barystachys*

别名：虎尾草

分类类群：报春花科 珍珠菜属

形态特征：多年生草本，高 30～100 厘米，总状花序，盛开后花序通常向一侧弯倒，花白色，花冠 5 裂。

实用观察信息：生于低中海拔山间的草坡、灌丛等向阳的环境中，在北京香山、上方山、百花山、琉璃庙等地可见。花期 6 月至 7 月，为最佳观察时间。

狼尾花开花时，花序会向一侧弯曲，看上去像动物弯曲的尾巴。明代《救荒本草》一书中有一种"虎尾草"，后来经人考证，很可能是指狼尾花。这里所说的"虎尾"和"狼尾"都是指花序的形态。在花开过后，狼尾花的花序变成果序时，往往不再弯曲，或弯曲的程度有所减轻。

古人认为狼尾花的嫩叶"味甜微涩"，可以当作野菜，但如今已很少有人食用。由于狼尾花的花序形态特殊，植株本身又耐干旱，比较适应低海拔环境，国外园艺学家已将它作为观赏花卉栽培。在中国科学院植物研究所北京植物园、北京教学植物园等地也可见到栽种的狼尾花，用于教学和观赏。

箭报春

拉丁学名：*Primula fistulosa*

分类类群：报春花科 报春花属

形态特征：多年生草本，高5～20厘米，叶基生，伞形花序，花朵密集聚成球状，花紫红色，花冠5裂。

实用观察信息：生于中海拔山间溪边、较潮湿的林缘、湿草地或草坡，在北京松山、玉渡山、阎家坪垭口等地可见。花期4月至5月，为最佳观察时间。

过去按照标本采集状况和植物分布记录，在我国，箭报春只有在黑龙江、内蒙古等地才能够见到。但在2006年，一些喜爱登山、徒步的户外爱好者，在京郊的山间跋涉时，发现了一种不知道种类的野花。后经鉴定，确定为箭报春，这是在北京的植物专业资料中没有记载过的新分布物种。京郊还有其他一些新分布的植物记录，都是由户外爱好者首先发现的。

此后京郊至少有3处不同地点，都发现了箭报春，它生在山间的溪边或很潮湿的草坡上。但近年来由于工程建设，其中一处的生境已彻底改变，也见不到箭报春的身影。目前北京植物园等科研机构，已尝试将箭报春引种栽培。

胭脂花

拉丁学名：*Primula maximowiczii*

分类类群：报春花科 报春花属

形态特征：多年生草本，高20～45厘米，叶基生，花红色，花冠5裂。

实用观察信息：生于高海拔山间林缘、亚高山草甸，在北京东灵山、百花山、白草畔等地可见。花期5月至6月，为最佳观察时间。

中国古时所谓"胭脂花"，指的是花瓣可以代替胭脂的植物，但和如今的胭脂花不是同一物种。现在植物学中的胭脂花，是因为花的颜色鲜红，所以借用了古时"胭脂花"的名字。

胭脂花的"模式标本"采自北京附近山区。在北京众多的野花中，鲜红色的种类屈指可数，胭脂花是其中之一，夏季常在草甸上形成小群落和景观。

胭脂花属于典型的"花柱二型植物"：虽然在一朵花中，雌雄蕊都存在，但是有"长花柱"和"短花柱"两种不同形态。前者的花柱较长，雄蕊相对较短，花粉粒数量多、个体较小；后者则相反，花柱短，雄蕊相对较长，花粉粒数量少、个体较大。人们通常认为这种现象可以避免同一朵花中发生自交，也可以防范昆虫盗蜜。

照山白

拉丁学名：*Rhododendron micranthum*

分类类群：杜鹃花科 杜鹃花属

形态特征：灌木，高 1.5～2.5 米，叶长椭圆形，革质，总状花序，花白色，花冠裂片 5 枚。

实用观察信息：生于中海拔山间林下、灌丛中，在北京西部和北部山区（如上方山、百花山、小龙门林场、琉璃庙等地）比较常见。花期 5 月至 6 月，为最佳观察时间。

　　照山白的"模式标本"采自北京北部的山区。它是一种野生的杜鹃花，很多杜鹃花属植物的叶片和小枝上，都能看到鳞片状的附属物，这一特征还可以用于识别具体种类。照山白的叶片背面具有棕色、宽边的鳞片，可以用放大镜来观察。

　　照山白具有很强的毒性，尤其是春季的幼嫩枝叶，口服 20 克就可出现中毒反应。它的毒性主要来自木藜芦毒素 I 等物质，中毒后会出现心律不齐、血压下降、休克等症状，在北京，曾有驴、山羊等家畜误食照山白导致中毒的案例。在京郊民间，曾有人用照山白制作药酒，为避免中毒，这种行为不应提倡。

迎红杜鹃

拉丁学名：*Rhododendron mucronulatum*
别名：蓝荆子
分类类群：杜鹃花科 杜鹃花属
形态特征：灌木，高1～2米，叶片在花开后才会生出，花淡紫红色，花冠宽漏斗状，5裂。
实用观察信息：生于中高海拔山间林下、灌丛中，在北京西部和北部山区（如喇叭沟门、小龙门林场、玉渡山等地）比较常见。花期4月至5月，为最佳观察时间。

迎红杜鹃是北京山区唯一的淡紫红色的杜鹃花，春季花先开放，在花开的中后期才会渐渐长出叶片。迎红杜鹃是酸性土壤的指示植物，最适宜的生长环境是pH5.5的土壤，pH过高或过低都会影响生长，尤其在高pH环境中会出现缺铁现象。因此在北京大多数地区，栽种迎红杜鹃有一定难度。目前，在中国科学院植物研究所北京植物园引种了一些迎红杜鹃，可以顺利生长。

迎红杜鹃具有毒性，嫩叶和花都不可食用。在21世纪初，曾有登山爱好者误食迎红杜鹃的花，导致强烈腹痛，需要救援队去山中急救。因此，不认识、不了解的植物，都不能轻易取食。

秦艽

拉丁学名：*Gentiana macrophylla*
别名：大叶龙胆
分类类群：龙胆科 龙胆属
形态特征：多年生草本，高30～60厘米，聚伞花序，花萼呈佛焰苞状，花蓝色，花冠有深蓝色斑点，5裂。
实用观察信息：生于高海拔山间的草坡、亚高山草甸，在北京东灵山、百花山、海坨山等地可见。花期7月至8月，为最佳观察时间。

《本草纲目》中说"秦艽出秦中，以根作罗纹交纠者佳，故名"，可见它的名字中，"艽"字来自"交纠"之意。秦艽的根常数条扭结成柱状或圆锥状，因此在有些地方，秦艽俗称"左拧根"。虽然秦艽在古时被当作草药，但如今它是北京市二级保护植物，不能随意挖掘。

秦艽为多年生植物，每年秋季，地上茎叶枯萎，变成粗糙纤维状叶鞘，来年春天发出新枝，旧的叶鞘依然残留可见。秦艽有"雌雄蕊异熟"现象：刚开花时，雄蕊散播花粉，雌蕊还未完全成熟，柱头较短，不能接受花粉；第二天花粉散播完毕，雌蕊开始发育，柱头伸长，可接受花粉。这样可以减少自花传粉的概率，提高后代的基因多样性。

鳞叶龙胆

拉丁学名：*Gentiana squarrosa*

别名：小龙胆、石龙胆

分类类群：龙胆科 龙胆属

形态特征：一年生草本，高2～8厘米，叶对生，匙形，略微向外反卷，花蓝色，花冠5裂。

实用观察信息：生于中高海拔的山坡、草丛，在北京山区（如金山、玉渡山、小龙门林场、平谷四座楼等地）可见。花期4月至7月，为最佳观察时间。

　　鳞叶龙胆的植株矮小，有时会被人忽视，其实在山间路边比较容易见到。包括鳞叶龙胆在内的很多龙胆属植物，花冠都有随光线开闭的特性：白天光照强烈时开放，阴雨或者夜晚闭合，这是因为它们的主要传粉昆虫是白天活动的蜂类，阴天或夜晚关闭花冠，可避免花粉散失或柱头受损。这种开闭的反应，对光线变化很敏感，有时遮光几分钟就开始收拢，如果遇到鳞叶龙胆，可以用阴影遮挡住花冠，来观察它的闭合过程。

鳞叶龙胆可见萼裂片反卷　　　　　假水生龙胆可见萼裂片直立

　　假水生龙胆（*Gentiana pseudoaquatica*），植株形态和花形与鳞叶龙胆相似，但鳞叶龙胆的萼片横向反折，假水生龙胆的萼片直立。生于中高海拔草坡、林缘、亚高山草甸、山间沟谷阴湿处，花期5月至9月。过去有一些资料中，将假水生龙胆误定为笔龙胆。北京虽有笔龙胆分布，但比较少见。

鳞叶龙胆　　　　　　　　　　　　假水生龙胆　　141

罗布麻

拉丁学名: *Apocynum venetum*

别名: 野麻、茶叶花

分类类群: 夹竹桃科 罗布麻属

形态特征: 多年生草本或半灌木，高 1.5 ~ 3 米，具白色乳汁，花粉红色，花冠 5 裂。

实用观察信息: 生于低中海拔河滩、盐碱地、水边湿地，在北京拒马河、永定河、潮白河部分河段，以及官厅水库等地都可见到。花期 6 月至 7 月，为最佳观察时间。

  1952 年，我国植物学家董正钧在新疆罗布平原发现了一种"野麻"，并将它的中文名定为罗布麻。罗布麻的茎中富含纤维，非常柔韧，徒手很难揪断，可以作为纤维作物，因此才有"麻"名。有人认为，在明代以前的古籍中，有些记载中的"泽漆"可能指的就是罗布麻。

  在北京、河北等地，罗布麻俗称"茶叶花"，民间采摘它的叶片，蒸炒后可泡茶饮用。罗布麻的花落后，会生出两枚细长的蓇葖果，成熟后开裂，种子上有白色绢毛，能够随风飘飞。

鹅绒藤

拉丁学名：*Cynanchum chinense*

别名：羊角苗、婆婆针扎儿

分类类群：夹竹桃科 鹅绒藤属

形态特征：草质藤本，具白色乳汁，花白色，花冠5裂，副花冠杯状，边缘有10个丝状裂片。

实用观察信息：生于低中海拔路边、草丛、山坡、房前屋后，北京市各地（如金山、黄草湾郊野公园、萧太后河公园等地）都可见到。花期6月至8月，果期8月至10月，其间都适宜观察。

　　鹅绒藤的果实是蓇葖果，细长，经常两枚生在一起，所以华北地区民间把它称为"羊角苗"，但有时两枚果实之中，只有一枚能够发育长大。果实成熟后开裂，它的种子顶端生有白色绢毛，可以借助风力飘飞。由于塞满白毛的果实像是针线包的样子，所以又被俗称为"婆婆针扎儿"或"婆婆针线包"。

　　由于鹅绒藤的种子传播能力较强，在城市中比较常见，植株常缠绕在篱笆、护栏上。园林工人把鹅绒藤当作杂草，铲除时要在开花之前或刚刚开花的季节，将植株由根部切断。

萝藦

拉丁学名：*Metaplexis japonica*

别名：芄兰、羊婆奶、婆婆针线包

分类类群：夹竹桃科 萝藦属

形态特征：草质藤本，具白色乳汁，花白色或淡粉红色，花冠5裂，内面有毛，副花冠环状。

实用观察信息：生于低中海拔路边、草丛、山坡、房前屋后，北京市各地（如官厅水库、奥林匹克森林公园、亮马河等地）都可见到。花期6月至8月，果期7月至10月，其间都适宜观察。

萝藦在《诗经》中被称作"芄兰"，它的果实呈纺锤形，诗中用先秦时的"解结锥"（古代用于解开结扣的骨制用具）和萝藦果实做类比。萝藦植株、叶片、嫩果内都有白色乳汁，因此又叫羊婆奶、乳浆藤。果实完全成熟后，会变干燥并开裂，内部的种子附有白毛，便于随风传播。

萝藦的花具有特殊的结构，叫作"合蕊冠"：雄蕊的花丝合生呈管状，花药和雌蕊的柱头联合。合蕊冠底部有蜜，蝶类、蛾类、蜂类等昆虫吸食花蜜时，有时会被雄蕊夹住，昆虫用力抽出口器时，会使花粉落下来，被昆虫带向下一朵花。但如果昆虫的力量不够，无法拔出口器，就有可能卡死在花上。

萝藦的花和嫩果

萝藦的成熟果实开裂

萝藦群落

斑种草

拉丁学名：*Bothriospermum chinense*

分类类群：紫草科 斑种草属

形态特征：一年生或二年生草本，高 20～30 厘米，全株有糙硬毛，花淡蓝色，花冠 5 裂，喉部有白色附属物。

实用观察信息：生于低中海拔路边、草丛、房前屋后，北京市各地（如各大公园、校园、小区）都可见到。花期 4 月至 5 月，为最佳观察时间。

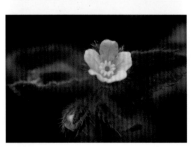

斑种草的果实为小坚果，每朵花开过后，会结出 4 枚小坚果，并经常被人误认为是它的"种子"。小坚果的表面有网状皱褶和颗粒状的突起，可以用放大镜或显微镜观察。由于这些突起看起来像凹凸不平的斑点，所以它被称为斑种草。

很多紫草科植物的花冠喉部都有附属物，物种不同，附属物的形态、颜色也可能不同。有人认为附属物的作用与引导传粉者有关。斑种草有 5 枚附属物，白色或乳白色，梯形，顶端凹陷。

长柱斑种草（*Bothriospermum longistylum*），植株形态和花序与斑种草相似，但花冠喉部附属物蓝色，梯形，顶端无凹陷。这是 2017 年被正式命名的新物种，"模式标本"采自北京丰台区千灵山，分布于北京、河北等

狭苞斑种草   长柱斑种草

地。早在1930年就有人采到了它的标本，但一直被误定为其他物种。长柱斑种草在北京山区（如金山、松山、担礼等地）可见，春季开花。

狭苞斑种草（*Bothriospermum kusnezowii*），植株形态和花序与斑种草相似，但叶片较狭长，花冠蓝色，喉部附属物白色。生于低中海拔山坡，花期4月至6月。

柔弱斑种草（*Bothriospermum zeylanicum*），花序与斑种草相似，但植株常铺散，叶片椭圆形，花小。是北京植物分布新记录，生于城区公园、校园、绿地中，花期春季。

柔弱斑种草   柔弱斑种草的花   147

附地菜

拉丁学名：*Trigonotis peduncularis*

分类类群：紫草科 附地菜属

形态特征：一年生草本，高 5 ～ 30 厘米，花小，淡蓝色，花冠 5 裂，喉部黄色，有 5 个梯形附属物。

实用观察信息：生于低中海拔路边、草丛、房前屋后，北京市各地（如各大公园、校园、小区）都可见到。花期 3 月至 5 月，为最佳观察时间。

在明代《救荒本草》中，附地菜的名字叫作"婆婆指甲菜"，因为它的叶片形态像是指甲。附地菜的名字出自清代《植物名实图考》，书中称它"丛生，软茎，叶如枸杞，梢头夏间开小碧花，瓣如粟米，小叶绿苞，相间开放"。

附地菜的花序类型是螺旋聚伞花序，在花序轴上总是一侧的小花发育，因此花序向一个方向内卷起来，就好像章鱼的触手。花序下部的花已经开始结果，上部的花刚刚开放，花序先端还有花蕾。附地菜是北京常见的野生植物，虽然单朵花很小，但成片生长时，也可用作地被植物，装点草坪或花坛。

附地菜的花序　　　　　　　　　钝萼附地菜的花序

钝萼附地菜（*Trigonotis peduncularis* var. *amblyosepala*），植株形态和花序与附地菜相似，花比附地菜大，萼片先端钝圆（附地菜萼片先端较尖）。生于中高海拔山坡、溪边，花期在夏季。

蒙山附地菜（*Trigonotis tenera*），植株形态和花序与附地菜相似，但叶片卵状心形，叶柄较长。生于山间溪流边的阴湿岩壁上，花期在夏季。2005 年于北京首次发现，在玉渡山、龙门涧可见。

附地菜属、斑种草属等小型紫草科植物，过去常被忽视。近年来，在北京发现的新物种和新分布记录，数种都来自于这些类群。

钝萼附地菜　　　　　　　　　　蒙山附地菜　　149

打碗花

拉丁学名：*Calystegia hederacea*

别名：兔耳草、野喇叭花

分类类群：旋花科 打碗花属

形态特征：一年生草本，高 8 ～ 30 厘米，茎常平卧，花淡粉红色，花冠喇叭形。

实用观察信息：生于低中海拔路边、草丛、房前屋后，北京市各地（如各大公园、校园、小区）都可见到。花期 4 月至 8 月，为最佳观察时间。

打碗花在古代有"通草""燕覆子"等别名。有人认为，打碗花及其近亲物种旋花，很可能就是《诗经》里说的"葍"。打碗花的地下根茎细长，白色，在先秦时是一种常见野菜，可蒸熟食用。在 20 世纪，北京民间常有人把打碗花的根茎挖出，用来喂兔子。由于是常见的兔子饲料，叶片也长得像兔子耳朵，所以打碗花也被俗称作"兔耳草"。

我国各地都常有俗称"打破碗花花""打碗碗花"的植物，花形类似破碗，相传碰了它的花，回家就会打破碗。不过也有观点称，打碗花的名字可能是"灯碗碗花"的转音，和打破碗关系不大。

旋花（*Calystegia sepium*），又名篱打碗花，植株形态与打碗花相似，花冠之下紧贴的苞片较

宽大，花冠檐部较圆（打碗花的檐部常微 5 裂）。生境和花期与打
碗花相似。

　　柔毛打碗花（*Calystegia pubescens*），花形与打碗花相似，植
株缠绕，茎叶具短毛，叶片较狭长，有时为戟状，花冠檐部常 5 裂。
生于路边、草丛，花期在夏季。

柔毛打碗花　　151

田旋花

拉丁学名：*Convolvulus arvensis*

别名：箭叶旋花、野喇叭花

分类类群：旋花科 旋花属

形态特征：一年生草本，茎平卧或缠绕，花淡粉红色或紫红色，花冠喇叭形。

实用观察信息：生于低中海拔路边、草丛、房前屋后，北京市各地（如各大公园、校园、小区）都可见到。花期5月至8月，为最佳观察时间。

    田旋花和打碗花都是北京非常常见的野花，在春末夏初间，城市里的草丛、路边常能见到，民间也把它们统称为"野喇叭花"。过去小孩子们常会把花摘下来，戴在耳边或插在头上，作为装饰。

    通常田旋花的叶片会比较狭长，而打碗花的叶片较宽，但由于生长的环境影响，仅仅根据叶片的形态，并不一定能将二者区分。在开花的时候，田旋花和打碗花的最大区别在于：在细长的花梗上，田旋花的花梗中间部位，有两个细小的"小耳朵"一样的结构，这是2枚"苞片"，它们总是远离花朵；打碗花虽然也有苞片，但样子像叶片，而且是紧贴在花朵底部的。

南方菟丝子

拉丁学名：*Cuscuta australis*

别名：黄丝、无根草

分类类群：旋花科 菟丝子属

形态特征：一年生寄生草本，茎缠绕于其他植物上，纤细，黄色，没有叶，花白色或黄白色，花冠 5 裂。

实用观察信息：生于低中海拔的草丛中，北京市各地（如奥林匹克森林公园、官厅水库、勇士营公园等地）都可见到。花期 6 月至 8 月，为最佳观察时间。

菟丝子属的植物都是寄生植物，通常无叶，依靠茎上的寄生根插入其他植物体内，吸取养分。《诗经》中把菟丝子称为"唐"。晋代《抱朴子》中说，菟丝子的根形状如兔，它的植株在"兔"上长出黄丝，所以叫"菟丝"。

北京的菟丝子属植物中，南方菟丝子最常见，经常蔓延成大片，它主要寄生于豆科、菊科植物上，种子发芽后，通过感受其他植物释放出的挥发性物质和反射光，向着寄主的方向生长，从而尽快接触到寄主。北京的一些撂荒地或公园里，经常撒播混合花种用来绿化，花种中经常混有南方菟丝子的种子，夏季就能看到绿色植物丛中混有黄丝一样的南方菟丝子。

153

圆叶牵牛

拉丁学名：*Ipomoea purpurea*

别名：喇叭花、勤娘子

分类类群：旋花科 番薯属

形态特征：一年生草质藤本，叶心形，花紫色、蓝紫色、紫红色或白色，花冠喇叭形。

实用观察信息：生于低中海拔的路边、草丛、灌丛中，北京市各地（如北京大学校园、红螺寺、奥林匹克森林公园、将府公园等地）都可见到。花期6月至9月，为最佳观察时间。

圆叶牵牛和其他牵牛都是原产于南美洲的，中国常见的种类有牵牛、圆叶牵牛、裂叶牵牛等，它们在野外都是外来入侵物种。虽然牵牛传入我国最早，但如今分布最广泛的种类是圆叶牵牛。在北京，城市和郊区都能看到较多的圆叶牵牛群落。有时大量的圆叶牵牛会爬上灌木或小乔木，将树木整个覆盖起来，树木得不到充足的阳光，就有可能死亡。这种被藤本植物覆盖而死的树木被称为"树冢"。

各种牵牛都被统称为"喇叭花"，从明清直到20世纪80年代，北京土语中也将它们称作"勤娘子"。在老北京平房院落中，常搭架子栽种"喇叭花"，立秋之后最适合观赏。

圆叶牵牛 　　　　　　　　　　裂叶牵牛

　　牵牛（*Ipomoea nil*），植株形态和花形与圆叶牵牛相似，但叶片通常3浅裂至中裂（圆叶牵牛的叶片心形，不分裂）。牵牛的花冠比圆叶牵牛略大，花蓝色，开放较长时间后有可能渐变为紫红色。生境和花期与圆叶牵牛相似。

　　裂叶牵牛（*Ipomoea hederacea*），植株形态和花形与牵牛相似，但叶片通常5深裂，花冠蓝色，比圆叶牵牛、牵牛都小，萼片被毛，常反卷。生境和花期与圆叶牵牛相似。

牵牛的花枝 　　　　　　　　　　牵牛群落　　155

曼陀罗

拉丁学名：*Datura stramonium*
别名：醉心花
分类类群：茄科 曼陀罗属
形态特征：多年生草本或半灌木，高 0.5 ~ 1.5 米，植株有特殊臭味，花白色或淡紫色，夜间开放，花冠漏斗状，5 浅裂。
实用观察信息：生于低中海拔的路边、草丛、荒地、村口，北京市各地（如官厅水库、红螺寺、琉璃庙、奥林匹克森林公园等地）都可见到。花期 6 月至 10 月，为最佳观察时间。

　　曼陀罗的名字源于佛家典籍《法华经》，但可能并无特别所指的具体植物物种，也可能指的不是如今的曼陀罗。曼陀罗原产于美洲，在南宋时传入我国，由于它的花和种子具有麻醉、镇静之效，曾被医家用于外科手术麻醉，而民间则将其加入了蒙汗药的配方之中。

　　其实曼陀罗全株有毒，毒性成分为东莨菪碱、莨菪碱、阿托品等，误食会引起嗜睡、抽搐、心跳加快、幻听幻视、神志不清等症状，

曼陀罗的花（淡紫色）　　　　　　　曼陀罗的花（白色）

严重者可致死，一旦发现误食应及时送医急救。曼陀罗的花冠呈喇叭状，在北京民间，有时候会有小孩子把花冠摘下来，吸食里面的花蜜。这样有可能导致中毒，不应这样玩耍。

曼陀罗在田间地头、垃圾堆、建筑废墟上比较常见，果实形如刺球，有人将成熟的果实连同枝条一起摘下，插在瓶中用作观赏。野生的曼陀罗有时花为淡紫色，还有可能出现天然的重瓣现象，紫花重瓣曼陀罗有时也会被作为观赏花卉栽种。无论赏花还是观果，都应特别注意，避免曼陀罗被人或宠物误食。

曼陀罗的干枯果实　　　临时堆放的碎石中生出的曼陀罗

龙葵

拉丁学名：*Solanum nigrum*

别名：野葡萄

分类类群：茄科 茄属

形态特征：一年生草本，高 20 ～ 100 厘米，花白色，花冠 5 裂，浆果球形，成熟时黑色。

实用观察信息：生于低中海拔的路边、草丛、荒地、房前屋后，北京市各地（如各大公园、校园、小区中）都可见到。花期 6 月至 9 月，为最佳观察时间。

龙葵在古时又叫"苦葵"，因为它的叶子像是葵菜，但味道苦涩。《本草纲目》中说，有一种植物叫作"龙珠"，果实为红色。龙葵和它相似，但果实为黑色，所以形似龙珠、叶子像葵菜的植物，就被称为了"龙葵"。

北京民间把龙葵称为"野葡萄"，小孩子会把黑色的成熟果实摘来吃。其实龙葵的果实中含有毒素，未成熟时毒性较大，成熟后虽然可食，但不宜多吃。

平车前

拉丁学名：*Plantago depressa*
别名：车前草
分类类群：车前科 车前属
形态特征：一年生或二年生草本，高 2 ~ 18 厘米，叶基生，穗状花序直立，花小而多，花冠白绿色。
实用观察信息：生于低中海拔的路边、草丛、房前屋后，北京市各地（如各大公园、校园、小区中）都可见到。花期 4 月至 7 月，为最佳观察时间。

古人将车前属的几种常见植物统称为"车前"，由于它们通常生于路旁的车辙之中，车前车后，处处有之，因此得名。有人认为，《诗经》中的"芣苢"指的就是车前草。古代的小孩子玩斗草游戏时，就会摘取车前草的花序，每人一枝，双手握紧花序的两端，二人的花序交叉，同时向自己的方向拉扯，把对方扯断就算获胜。唐代刘禹锡的诗中说："若共吴王斗百草，不如应是欠西施。"指的就是吴王夫差和西施一起玩斗草游戏。

平车前的叶片为长圆形，具有 3 ~ 7 条纵向的叶脉。小孩子有时候会摘下叶片，在叶柄处沿着叶脉剥出几条"筋"。如果能够恰好拉动"筋"，可以带动叶

平车前的花序　　　　　　　　　　　　　　　大车前的花序

片先端内弯，就好像叶片在"点头"。在北京的民间，有时也有人采集平车前的嫩叶，以水焯后，可凉拌、做馅儿或者煮菜粥。

车前（*Plantago asiatica*），植株形态和花序与平车前相似，但平车前具有粗而直的主根，车前不具有明显的主根，而是须根系。生境和花期与平车前相似。

大车前（*Plantago major*），植株形态和花序与平车前相似，但植株较大，叶片边缘常具有波状皱褶，小花因为雄蕊花药的颜色而呈蓝紫色。生于湿草地或水畔，花期5月至8月。

车前　　　　　　　　　　　　　　大车前　　161

角蒿

拉丁学名：*Incarvillea sinensis*

别名：羊角草

分类类群：紫葳科 角蒿属

形态特征：一年生或多年生草本，高20～80厘米，叶羽状细裂，花紫红色，花冠钟状或漏斗状，略呈二唇形。

实用观察信息：生于低中海拔的路边、草丛、荒地、河滩，在北京松山、北沙河、长峪城等地可见。花期5月至8月，为最佳观察时间。

角蒿的果实呈细圆柱形，顶端渐尖，略似羊角，因此在北京、河北等地民间俗称"羊角草"。又因为它的叶片细裂，就像蒿子，所以得名"角蒿"。角蒿的果实成熟后开裂，其中的种子细小，具翅，可随风飘动。

角蒿属的拉丁学名来自18世纪时的法国传教士汤执中，他在1740年来北京，传教之余研究植物学。他成功把含羞草、旱金莲、欧洲银莲花等花卉引入紫禁城栽种，也向欧洲介绍了许多中国植物，并且将明代植物学书籍《御制本草品汇精要》引至法国出版。汤执中在北京共采集了149种野生植物带回欧洲，其中就包括了角蒿。后来，法国植物学者采用汤执中的姓，作为了角蒿属的拉丁学名。

狸藻

拉丁学名：*Utricularia vulgaris*

别名：闸草

分类类群：狸藻科 狸藻属

形态特征：多年生沉水草本，无根和叶，茎上有"叶器"，花序出水，花黄色，花冠二唇形

实用观察信息：生于低海拔的湖泊、池塘中，在奥林匹克森林公园以及一些小区内的湿地景观中可见。花期6月至8月，为最佳观察时间。

在老北京的土语中，狸藻和其他数种沉于水下的水草被统称为"闸草"。狸藻是北京地区唯一的野生食肉植物，它的植株无叶，但茎上有互生的"叶器"：叶器多回二歧状深裂，就像细裂的叶片一样，裂片上有卵形捕虫囊。

狸藻的新生捕虫囊内部呈负压状态，囊口有感觉毛，被外力触动后，囊口会打开，将外界物体和水一起吸入，以这种方式捕捉水蚤、孑孓等小型水生动物，将它们困在捕虫囊中消化掉。

狸藻的花　　　　　　　　　　　狸藻的叶器

　　在植物分类学上，狸藻有2个常见的亚种：狸藻（也可称为普通狸藻）和弯距狸藻。在北京延庆野鸭湖等地，野生的狸藻应为弯距狸藻这一亚种，但过去的一些资料和文献中没有详细标明。近年来，在一些池塘和人造湿地中，随栽种的植物从其他地区带来的狸藻（即普通狸藻），如今也已接近野生状态。

　　弯距狸藻（*Utricularia vulgaris* subsp. *macrorhiza*），植株形态与狸藻相似，花冠尾部的"距"向上弯曲（狸藻的"距"伸直）。弯距狸藻在金牛湖、野鸭湖、官厅水库可见，花期和狸藻相似。

　　　　弯距狸藻的花序　　　　　　弯距狸藻群落及其生境

狸藻花期植株

藿香

拉丁学名：*Agastache rugosa*
别名：山灰香、山茴香、香荆芥
分类类群：唇形科 藿香属
形态特征：多年生草本，高50～150厘米，茎四棱，轮伞花序顶生，穗状，花淡紫色，花冠二唇形。
实用观察信息：生于中海拔山间林下、草丛，在北京小龙门林场、松山、喇叭沟门等地可见。花期6月至9月，为最佳观察时间。

　　藿香自古知名，《本草纲目》中解释道，豆类的叶子叫作"藿"，藿香的叶片与之相似，又有香气，因此得名。但古人所谓藿香，记载混乱，有时可能确实指的是如今的藿香，但也可能指其他的植物。例如在夏季时，常有人服用"藿香正气水"以解中暑的症状，虽然名为"藿香"，但藿香正气水的原料却是另外一种唇形科植物广藿香。

　　藿香全株具有芳香味，民间有时采摘它的嫩叶，制作烹饪调料，用来炖鸡或炒肉。此外，藿香作为本土物种，成片栽种时也可用于观赏，在中国科学院植物研究所北京植物园、北京教学植物园等地都可见栽种。近年来城市中的花境景观中，有时也可见到藿香。

华北香薷

拉丁学名：*Elsholtzia stauntonii*

别名：木本香薷、木香薷、柴荆芥

分类类群：唇形科 香薷属

形态特征：灌木，高 0.7～1.7 米，植株有香气，上部枝条四棱，轮伞花序顶生，穗状，有时花偏向于一侧，花淡紫色，花冠二唇形。

实用观察信息：生于低中海拔的山坡、沟谷、灌丛，在北京西部和北部山区（如松山、玉渡山、小龙门林场、龙门涧等地）可见。花期 7 月至 9 月，为最佳观察时间。

古时说的香薷泛指如今香薷属数种植物。《本草纲目》中称，"薷"字原本写作"菜"，因为植株有香气，叶片柔软，所以叫"香菜"，后来被讹传为了香薷。华北香薷的"模式标本"采自北京以北的地区，由于它的植株为灌木，所以也叫木本香薷。

香薷属植物的叶片，古时可用来制茶饮用。在明清时的北京城中，立秋节气前后讲究喝"香薷饮"：这原本是一味汤药，后来渐渐变成了饮品，用香薷叶煎水，加甘草或者蜂蜜调味。

如今在香山、北京植物园等地，华北香薷作为观赏植物栽种。花色除了与野生植株相同的紫色，也有白色花的园艺品种。

夏至草

拉丁学名：*Lagopsis supina*

别名：郁臭苗

分类类群：唇形科 夏至草属

形态特征：多年生草本，高 15 ~ 35 厘米，茎四棱，轮伞花序腋生，花白色，花冠二唇形。

实用观察信息：生于低中海拔的路边、草丛、荒地、房前屋后，北京市各地（如各大公园、校园、小区中）都可见到。花期 3 月至 5 月，为最佳观察时间。

夏至草在明代《救荒本草》中被称作"郁臭苗"。"郁"的意思是腐臭之气，这是由于夏至草被看作有臭气的草。在 20 世纪 30 年代，植物学者夏纬瑛为这种植物拟定中文名时，看到它在夏至节气前后枯死，打算叫它"夏枯草"，但已经有另一种植物叫夏枯草了，所以才起名为"夏至草"，意思是"夏至枯萎之草"。之所以要拟定新的名字，是因为当时不知道这种植物原本就有"郁臭苗"的名字。后来夏纬瑛在《植物名释札记》中说，他发现已有"郁臭苗"这个名字，于是想把"夏至草"的名字舍弃，用回古名，但很多植物学资料中，都已称这种植物为夏至草，流传开来，难以更改了。

夏至草开花时，具有特殊气味，像是奶油香，又像是铁观音茶的香气，也有人认为这种气味像臭抹布味儿。在清晨或者黄昏，这种气味更浓郁些。

地笋（*Lycopus lucidus*），植株形态和夏至草相似，但叶片长圆状披针形，花很小。地笋生于河湖水边湿地，花期在夏季。

地笋　　　　　　　　　　　地笋的花序　　169

益母草

拉丁学名：*Leonurus japonicus*

别名：益母蒿、坤草、红花艾

分类类群：唇形科 益母草属

形态特征：一年生或二年生草本，高30～120厘米，茎四棱，轮伞花序腋生，花淡紫红色，花冠二唇形。

实用观察信息：生于低中海拔的荒地、草丛、山坡、河滩等地，在北京山区（如松山、香山、玉渡山、坡头林场、琉璃庙等地）以及城市中的公园、河岸等地可见。花期7月至9月，为最佳观察时间。

《本草纲目》中称，益母草入药对妇女有益，因此得名"益母"。它的别名"坤草"，也是因为"坤"字可以指代女性。孔子的弟子曾参奉母至孝，见到益母草就联想到自己的母亲，所以才有了"曾子见益母而感"之说。益母草的叶形变化很大，看上去往往与蒿子的叶片比较相似，所以在北京、河北等地，民间也把它称为"益母蒿"。

清代《宸垣识略》《天坛志略》等书中记载，天坛神乐观一带出产的益母草药效较好，神乐署的道士会去这里采摘益母草，用来熬成药膏贩卖，称作"益母膏"，一度生意兴隆。如今天坛一带有时还能够见到益母草，但仅被人们当作常见野花野草了。

益母草群落

　　细叶益母草（*Leonurus sibiricus*），植株形态和花序与益母草相似，但靠近植株上部的叶片明显分裂（益母草靠近植株上部的叶片有时不裂），唇形花冠的上唇明显长于下唇（益母草的上下唇近等长，下唇有时反折）。生于山间草坡、林缘，花期7月至9月，有时与益母草混生。

细叶益母草的花序　　　　　　　　　细叶益母草的植株　　171

薄荷

拉丁学名：*Mentha canadensis*

别名：野薄荷、水薄荷

分类类群：唇形科 薄荷属

形态特征：多年生草本，高30～60厘米，植株具有清凉香气，茎四棱，轮伞花序腋生，花淡紫色或白色，花冠二唇形。

实用观察信息：生于低中海拔的水畔、溪边、湿草地，北京市各地（如松山、十渡、小龙门林场、官厅水库、圆明园遗址公园等地）都可见到。花期7月至9月，为最佳观察时间。

薄荷的名字由来，古人始终没能准确解释。现代植物学者夏纬瑛在《植物名释札记》中称，"薄"字可能是从"菝""茇"音转而来；"荷"字是从"藿"音转而来。菝、茇的意思是香，藿的意思是叶子，连在一起就是"香叶"，因为薄荷的叶片带有清香气味。

古时人们就会栽种薄荷，宋代《物类相感志》中说，收薄荷前，必须用隔夜的粪水浇灌，等到下雨之后再收获，这样的薄荷

才能作为"性凉"的药草使用。民间有很多食用薄荷的方法,有些直到如今依然可行,比如把薄荷的嫩叶、茎尖炒熟,或者裹面炸熟,也可以用嫩叶与莲子煮汤饮用。如今在京郊门头沟区等地,人们会采摘野生的薄荷,与牛肉一起炒熟食用。

薄荷植株中含有薄荷油等物质,闻起来有清凉的香气。过去在北京,小孩子在夏日里玩耍时,常会随手掐两片薄荷叶,捣碎涂抹在蚊子叮咬的包上止痒,或涂在脑门、脖颈等处,来提神解暑。从20世纪中期开始,北京城中有很多人都爱栽种薄荷,并称之为"平叶留兰香",实际上它是薄荷的栽培品种,苗期香气浓烈,至今这一品种在北京仍常见栽种,有人称之为"家薄荷"。

如今也有很多人栽种薄荷或薄荷属的其他种类,采摘叶片用于泡茶或制作饮品。不过,由于薄荷属植物通常都具有横走的匍匐根状茎,地栽时繁殖较快,有可能变成花园杂草,难以根除。因此若想要防止失控,可以选择盆栽。

野生的薄荷秋天可能变成红色

北京民间栽种的"平叶留兰香",
是薄荷的栽培品种

丹参

拉丁学名：*Salvia miltiorrhiza*
别名：红根、赤参
分类类群：唇形科 鼠尾草属
形态特征：多年生草本，高 40～80 厘米，茎四棱，花蓝紫色，花冠二唇形。
实用观察信息：生于低中海拔山区的草坡、沟谷、林下，在北京松山、上方山、云蒙山等地可见。花期 4 月至 7 月，为最佳观察时间。

丹参自古以来就是知名的药用植物，由于它的根肥厚，肉质，表面朱红色，因此得名。在京郊的山区，丹参原本是常见物种，但 20 世纪末 21 世纪初，常有人把它当作草药挖掘，导致野生的丹参数量变少。如今它是北京市二级保护植物。

丹参的花冠是二唇形的，左右对称，上唇镰刀状，下唇 3 裂，中间裂片最大。它的雌蕊柱头伸出花冠之外，靠近上唇；雄蕊虽然有 4 枚，但仅有前面 2 枚可育雄蕊能够用于传粉。蜜蜂、熊蜂等传粉昆虫在钻入花冠时，雄蕊靠近内部的位置受到挤压，导致可育雄蕊的花药碰到昆虫的腹部，花粉被带走。而在进出花冠时，昆虫有很大概率还会碰到雌蕊的柱头，从而完成授粉。

百里香

拉丁学名：*Thymus mongolicus*

别名：地角花

分类类群：唇形科 百里香属

形态特征：半灌木，高2～10厘米，具有浓烈香气，茎常匍匐，头状花序顶生，花淡紫红色，花冠二唇形。

实用观察信息：生于中高海拔的山间石缝、草丛，在北京西部和北部山区（如百花山、白草畔、东灵山等地）可见。花期7月至8月，为最佳观察时间。

百里香的茎叶揉碎后，有类似柠檬的香气，可以做炖肉作料，但在北京通常较少使用，在内蒙古草原比较常用。元代许有壬的组诗《上京十咏》中，有一篇为《地椒》，诗中说："冻雨催花紫，轻风散野香。刺沙尖叶细，敷地乱条长。楚客收成裹，奚童撷满筐。行厨供草具，调鼎尔非良。"

所谓"地椒"，就是百里香古时的名字。宋代《嘉祐本草》一书中记载："地椒出上党郡。其苗覆地蔓生，茎叶甚细，花作小朵，色紫白，因旧茎而生。"这里的地椒可能指百里香，也可能指同属的近似物种。京郊和河北一些地区把百里香俗称为"地角花"，可能就是从"地椒"的名字演变而来。

通泉草

拉丁学名：*Mazus pumilus*

分类类群：通泉草科 通泉草属

形态特征：一年生草本，高 3 ~ 30 厘米，茎有时匍匐，花淡紫色，花冠二唇形，下唇具有黄色斑点。

实用观察信息：生于低中海拔的草丛、湿地、沟边，北京市各地（如松山、十渡、小龙门林场、官厅水库、圆明园遗址公园等地）都可见到。花期 4 月至 8 月，为最佳观察时间。

通泉草的名字，据李时珍引用明代《庚辛玉册》一书的说法："根入地至泉，故名通泉。"但古时所谓通泉草，有可能和现在的通泉草不是同一物种，只是在 20 世纪前期，人们观察到这种植物经常生在阴湿的环境里，所以用古名"通泉草"来称呼它了。

通泉草果实为蒴果，球形，成熟时开裂，种子会被弹射出来。它的种子非常细小，肉眼看去像是灰尘，每一粒种子仅有 0.5 毫米长。如果在显微镜下，可以看到种子外皮具有粗糙的网纹。除了依靠种子繁殖，通泉草也可以通过横走茎和地下根茎快速繁殖，所以不易清除干净。在一些花园或苗圃里，它被看作难以根除的杂草。

黄花列当

拉丁学名：*Orobanche pycnostachya*

别名：独根草

分类类群：列当科 列当属

形态特征：二年生或多年生寄生草本，高 10 ~ 40 厘米，植株肉质，黄褐色，叶鳞片状，花淡黄色，花冠二唇形。

实用观察信息：生于低中海拔的山坡、草地、沙地，在北京小龙门林场、下苇甸、海坨山、喇叭沟门等地可见。花期 5 月至 8 月，为最佳观察时间。

　　黄花列当是一种寄生植物，自己不能通过光合作用制造有机物，而是从寄主的根中吸取营养。它的寄主是蒿属植物。黄花列当的种子萌发后，可以感应寄主植物释放的化学物质，从而定向生长，吸附到寄主根系表面，形成"吸器"，深入寄主的维管束中，夺取养分。如果发芽后数日内没有遇到寄主，它的幼株就会死亡。

　　黄花列当的"模式标本"采自北京。由于肉质肥厚的标本不易制作，一些细微特征也可能难以在干燥标本中保留，所以京郊有可能有其他列当属植物，一直被误定为黄花列当，值得深入研究。

返顾马先蒿

拉丁学名：*Pedicularis resupinata*

别名：马尿烧

分类类群：列当科 马先蒿属

形态特征：多年生草本，高30～70厘米，花通常紫红色，花冠二唇形，上唇有短喙，向右旋扭。

实用观察信息：生于中高海拔的林下、林缘、草丛、沟谷，在北京西部和北部山区（如松山、百花山、东灵山、海坨山等地）可见。花期6月至9月，为最佳观察时间。

返顾马先蒿的花冠，上唇的短喙旋扭，像是回头的样子，所以名字中带有"返顾"二字。它的花通常是紫红色的，但偶尔也有白色。有人认为这是返顾马先蒿的白花变种，但在京郊可以见到紫红色花、淡紫红色花至白花的不同个体，因此白花的个体可能不宜看作变种。

返顾马先蒿以及其他马先蒿属的多种植物，都存在"半寄生现象"。它们虽然有根，但是根系发育不甚健全，大部分水和无机盐需要依靠"吸器"，从其他植物的根中获取，而生长所需的有机营养物质，却可以通过自己的叶片进行光合作用来制造。所以要栽种马先蒿属植物，应连同它的寄主一起栽种。

穗花马先蒿的花　　　　　　　　　　华北马先蒿的花

穗花马先蒿（*Pedicularis spicata*），植株形态与返顾马先蒿相似，但叶 4 枚轮生，长圆状披针形，穗状花序顶生，花冠上唇较短，不扭转。生于中高海拔草坡、林缘、亚高山草甸，花期 7 月至 8 月。

华北马先蒿（*Pedicularis tatarinowii*），又名塔氏马先蒿，植株形态与返顾马先蒿相似，但叶 4 枚轮生，长圆形，羽状全裂，穗状花序顶生，花冠上唇盔状弓曲，不扭转。生于高海拔林缘、亚高山草甸，花期 7 月至 8 月。

穗花马先蒿　　　　　　　　　　　华北马先蒿　179

地黄

地黄的根可以入药，古时检验这种药材的优劣时，可以将它泡在水中，漂浮在水面的叫"天黄"，药性最差，半浮半沉的叫"人黄"，药性中等，沉在水下的叫"地黄"，药性最好。《植物名释札记》一书中则认为，古人给植物命名时，常用天、地指野生，地黄可以作为黄色的染料，所以它的名字的意思为"野地所生的黄色染料"。

在北京民间，有时候地黄也被称为"蜜罐儿"，"罐儿"读作 guànr。常有小孩子摘下地黄的花冠，嘬食花冠尾部，可以尝到花蜜的甜味。其实清代《植物名实图考》一书中就有记载："小儿摘花食之，诧曰蜜罐。"地黄常在旱地生长，也经常出现

在屋顶、墙缝里。故宫的外墙，以及天坛、地坛等古建筑屋顶上，常可见到地黄。过去由于坟地、坟头上经常有地黄生长，所以在京郊和河北一些地区，也把地黄称为"死人花""死人枕头"。

展枝沙参

拉丁学名: *Adenophora divaricata*

别名: 轮叶沙参、沙参、铃铛花

分类类群: 桔梗科 沙参属

形态特征: 多年生草本,高 30 ~ 100 厘米,具白色乳汁,叶轮生,圆锥花序多分枝,花淡蓝紫色,花冠钟形,5 浅裂。

实用观察信息: 生于中高海拔的林下、林缘、草坡,在北京西部和北部山区(如小龙门林场、松山、海坨山、坡头林场等地)可见。花期 7 月至 9 月,为最佳观察时间。

北京有数种野生的沙参属植物,在民间都被统称为"沙参"。《本草纲目》之中称:"沙参,白色,宜于沙地,故名。"它们大都具有粗大的直根,常如胡萝卜形,在沙地易于栽种。北京的野生沙参多生于砂质土地上,或生长在山坡、石缝中。

沙参属植物的嫩叶可以作为野菜食用,但在京郊较少有人采摘。在房山、门头沟等地,人们有时会挖出沙参的根用来炖鸡。

北京数种野生的沙参,乍一看去彼此相似,需要通过一些细节来区分。一是看叶片形状和叶序(区分叶互生还是轮生),二是看花冠形态,特别是口部有没有缢缩,花柱是不是明显伸出花冠之外,三是看萼片是否具齿。

多歧沙参（*Adenophora potaninii* subsp. *wawreana*），植株形态和花形与展枝沙参相似，但叶互生而非轮生，花萼裂片具明显的小齿（展枝沙参的花萼裂片无齿）。生境和花期与展枝沙参相似。

细叶沙参（*Adenophora capillaris* subsp. *paniculata*），又名紫沙参，植株形态与展枝沙参相似，但叶互生，线状披针形，花冠筒状，口部缢缩，花柱明显伸出花冠外。生于中高海拔的林下、林缘，花期6月至9月。

多歧沙参

细叶沙参

多歧沙参的花

细叶沙参的花

紫斑风铃草

拉丁学名：*Campanula punctata*
别名：灯笼花、铃铛花
分类类群：桔梗科 风铃草属
形态特征：多年生草本，高 20～100 厘米，花生于茎顶，下垂，为白色，花冠筒状钟形，5 浅裂，内壁有紫色斑点。
实用观察信息：生于中高海拔的林下、林缘、灌丛中，在北京西部和北部山区（如玉渡山、喇叭沟门、海坨山等地）可见。花期 7 月至 8 月，为最佳观察时间。

紫斑风铃草的花冠像是下垂的铃铛，花冠内壁有紫色的斑点。它的雄蕊藏在"铃铛"里面，雌蕊的柱头伸出到"铃铛"口部，在"铃铛"的最深处藏有花蜜。蜂类等昆虫只有钻进花冠里，才能吃到花蜜，这时昆虫的后背上恰好会蹭到花粉，之后访问下一朵花，有可能为紫斑风铃草传粉。同时，也有一些体形较小的昆虫在花冠里，它们不能为紫斑风铃草传粉。

紫斑风铃草还有一个机制，可以避免自己的花粉传到自己的雌蕊柱头上。它的雄蕊先成熟，散发花粉，这时雌蕊柱头还是闭合呈棒状的。等到雄蕊的花粉渐渐失去活性，这时雌蕊的柱头才会裂为 3 叉，用来接受花粉。

桔梗

拉丁学名：*Platycodon grandiflorus*

别名：铃铛花

分类类群：桔梗科 桔梗属

形态特征：多年生草本，高20～120厘米，根粗壮，花通常紫色或蓝紫色，花冠钟形，5浅裂。

实用观察信息：生于中海拔山区的草丛、山坡、石缝中，在北京松山、白草畔、百花山等地可见。花期7月至9月，为最佳观察时间。

桔梗的名字按照《本草纲目》之中的说法是："此草之根，结实而梗直，故名。"其中"桔"字在这种植物的名字里读作 jié。古人把桔梗当作药材，直到明清时，才有人把它当作山花来观赏。特别是在清代，华北地区的山中常见桔梗花，有一组写承德风物的组诗《避暑山庄纪事》中说道："石洞飞泉一道斜，坡陀背转少人家。平冈十里无行道，开遍空山桔梗花。"

桔梗的主根粗壮，形似胡萝卜，可用于腌制泡菜。桔梗因为花形似铃铛，俗称为"铃铛花"，近年来也常作为切花贩卖。在北京的一些公园里（如四得公园、黄草湾郊野公园等地），桔梗被当作观赏花卉栽种。野生桔梗是北京市二级保护植物。

莕菜

拉丁学名：*Nymphoides peltata*
别名：荇菜
分类类群：睡菜科 莕菜属
形态特征：多年生水生草本，叶卵圆形，漂浮，花挺出水面开放，黄色，花冠5深裂，边缘有流苏状毛。
实用观察信息：生于低中海拔的湖泊、水塘、河流中，在北京拒马河、怀九河、永定河部分河段，以及汉石桥湿地、官厅水库等地可见，城市中的校园、公园中（如北京大学校园、奥林匹克森林公园等地）也可见到。花期5月至8月，为最佳观察时间。

　　莕菜在古时也被称为"荇菜"。《诗经》中所说的"参差荇菜，左右流之"，描绘的就是水中莕菜的样子。《本草纲目》中说，莕菜的叶子很像杏树叶，所以得名为"莕"。在汉魏时期，有人把莕菜的嫩茎采摘下来，浸泡在酒中，做成小菜食用；明代有人将莕菜的叶子煮烂后食用。这些吃法如今已经失传。

  莕菜在水下泥中扎根，叶片漂浮于水面，花挺立出水开放，绿叶黄花颇为美观。如果遇到强光照射，它的花冠就会渐渐闭合，因此上午至中午是最佳观察时间。花开过后，莕菜的果实在水下渐渐成熟，它的种子两侧压扁，边缘具有短刺毛，可以借助水流传播。

  如今，北京朝阳区金盏乡的"金盏"一词，来自于明代时这里的一个湖泊——"金盏儿淀"。《明一统志》中记载，金盏儿淀"在通州境，广袤三顷，水中有花开似金盏"。这种水中接连成片开放的金色花朵就是莕菜。在 20 世纪末，北京大学未名湖的莕菜景观较为知名。近年来，北京城市中的湖泊和人造湿地也经常栽种莕菜，用作观赏。

牛蒡

拉丁学名：*Arctium lappa*

别名：恶实、大力子

分类类群：菊科 牛蒡属

形态特征：二年生草本，高80～200厘米，叶片宽卵形或心形，较宽大，头状花序排成伞房状，总苞片细长钩状，管状花紫红色。

实用观察信息：生于中海拔山间林下、草坡、溪边，在北京山区（如松山、小龙门林场、龙门涧、喇叭沟门等地）可见。花期6月至8月，为最佳观察时间。

牛蒡虽然是草本植物，但它的植株极为高大，开花时可长到一人多高，较大的叶片比人脸还大，非常容易辨认。它的整个头状花序像一个刺球，外面的长钩刺来自于"总苞片"。花还未开放时，绿色的刺球已挂在枝头；紫红色的花开过之后，这个刺球不会散落，而是渐渐变得枯黄，成熟的果实也藏在刺球内。干枯后的刺球有可能依靠钩刺，粘在动物的皮毛上被带到别处，牛蒡的果实也随之传播。

古时牛蒡也被称为"恶实"，原因就是"其实状恶而多钩刺"，偶尔会有鸟雀或鼠类被牛蒡的多个果序缠住，无法脱身，因此它被称为"鼠粘子"。如今被广泛应用的锦纶粘扣，最早就是仿照

牛蒡的果序　　　　　　山牛蒡的花序（未开花时）

牛蒡的钩刺而制，是一种仿生学发明。牛蒡的根粗大可食，能够制作成腌菜，在日本常被食用，由于略带土腥味，吃前需要用清水浸泡除味。在京郊较少有人采食野生牛蒡，但菜市场中有时可以买到。

　　山牛蒡（*Synurus deltoides*），花序形态与牛蒡相似，但基生叶在花期枯萎，茎生叶卵状心形、卵状三角形或戟形，头状花序常单生，下垂，未开花时球状，具白毛，管状花深紫色。由于花序也是刺球状，有时会被误认作牛蒡。山牛蒡生于中海拔林间，玉渡山、喇叭沟门、坡头林场等地可见，花期 8 月至 9 月。

牛蒡植株及基生叶　　　　　　　　山牛蒡植株　　189

阿尔泰狗娃花

拉丁学名：*Aster altaicus*

别名：阿尔泰紫菀、铁杆蒿

分类类群：菊科 紫菀属

形态特征：多年生草本，高 20 ～ 60 厘米，头状花序单生或排成伞房状，舌状花浅蓝紫色，管状花黄色。

实用观察信息：生于低中海拔的草丛、路边、荒地、山坡，在北京山区（如金山、上方山、下苇甸、长峪城等地）比较常见，平原地区和城市中的公园、校园、小区中也有分布。花期 4 月至 9 月，但春季至初夏更易见到，适宜观察。

阿尔泰狗娃花在古时叫作"铁杆蒿"，曾被当作一种救荒野菜。在植物学中，曾有一个类群名叫狗娃花属，"狗娃花"作为植物的中文正式名，从 20 世纪中期开始被广泛使用。有人认为这个名字可能源于陕西民间。当地将最常见的阿尔泰狗娃花称为"小狗花"：如果对着花喊两声"小狗出来"，就有可能爬出俗称"狗娃"的虫子。如今，狗娃花属已经归并入紫菀属，虽然阿尔泰狗娃花的中文名称保留了下来，但按照拉丁学名，其实应当称它为"阿尔泰紫菀"。

阿尔泰狗娃花在北京比较常见，有人觉得它最符合心目中经典的"野菊花"的形象。

　　狗娃花（*Aster hispidus*），植株形态和花形与阿尔泰狗娃花相似，但头状花序较大，直径常为 3～5 厘米（阿尔泰狗娃花直径多为 2～3 厘米）。狗娃花生于中海拔山间草坡，花期 7 月至 9 月。

狗娃花的花枝　　　　　　　　　　　　狗娃花植株

三脉紫菀

拉丁学名：*Aster trinervius* subsp. *ageratoides*

别名：三褶脉紫菀、鸡儿肠

分类类群：菊科 紫菀属

形态特征：多年生草本，高 40～100 厘米，头状花序排成伞房状，舌状花淡紫色或白色，管状花黄色。

实用观察信息：生于低中海拔山区的林下、林缘、山坡，在北京西部和北部山区（如小龙门林场、玉渡山、百花山等地）可见。花期 8 月至 9 月，为最佳观察时间。

紫菀属植物的名字由来，按照《本草纲目》中的记载："其根色紫而柔宛，故名。"在一些古籍中，紫菀被误写作"紫苑"，如今仍有类似错误发生，应注意避免。

三脉紫菀古名"鸡儿肠"，它的叶片有一个明显的特点：具有"离基三出脉"。也就是说，它的叶片具有三条明显的叶脉，在离开叶片基部一段距离的位置，这三条叶脉才彼此分开。三脉紫菀因叶脉的特征而得名，别名"三褶脉紫菀"。

近年来在京郊，有些公园或农庄会推出"紫菀花海"游览项目，但其实所栽种的植物并非紫菀或者三脉紫菀，而是外来的观赏花卉荷兰菊。

三脉紫菀的叶片 东风菜的花序

紫菀（*Aster tataricus*），花形与三脉紫菀相似，但植株较高，中上部多分枝，具有宽大的基生叶，茎上的叶片不具离基三出脉，头状花序排成较复杂的复伞房状。生境与三脉紫菀相似，有时低海拔平原也可见到，花期 7 月至 9 月。

东风菜（*Aster scaber*），花形与三脉紫菀相似，但植株较高，茎上的叶片不具离基三出脉，头状花序排成复杂的圆锥伞房状，较密集，舌状花通常白色。生于中高海拔山区的灌丛、林下、林缘，花期 6 月至 8 月。

紫菀 东风菜

婆婆针

拉丁学名：*Bidens bipinnata*

别名：鬼针草

分类类群：菊科 鬼针草属

形态特征：一年生草本，高30～120厘米，头状花序稀疏排列，舌状花和管状花均为黄色，瘦果顶端具芒刺。

实用观察信息：生于低中海拔山间的路边、荒地、草丛，在北京山区（如小龙门林场、碓臼峪、杏树台等地）比较常见，平原地区及城市中也可见到。花期6月至10月，果期8月至11月，其间都适宜观察。

婆婆针在古时被称作"鬼针"，唐代《本草拾遗》一书中记载："子作钗脚，着人衣如针，北人谓之鬼针，南人谓之鬼钗。"这也是婆婆针所在的类群鬼针草属名字的由来。如今中文正式名叫鬼针草的植物是外来入侵物种，在南方比较常见，但并非古时的"鬼针"，只是借用了古名。

婆婆针的果实为瘦果，细长条形，略扁，顶端具有3～4枚芒刺，芒刺上还有细小的倒刺毛。果实可以依靠芒刺和倒刺毛，挂在动物

婆婆针的果序　　　　　　　　　婆婆针的果实扎在衣物上

皮毛上或人的衣裤上，被带到别处，用这种方法来传播。婆婆针的
果实在深秋成熟，直到翌年初夏，都有可能残留在枝头。

　　大狼杷草（*Bidens frondosa*），又名接力草，植株形态与婆婆
针相似，但叶为一回羽状复叶，总苞片叶状，无舌状花，瘦果扁平，
顶端具2枚芒刺。生于低中海拔河滩、水畔，花期7月至9月。

　　小花鬼针草（*Bidens parviflora*），植株形态与婆婆针相似，
但叶片二至三回羽状分裂，无舌状花，瘦果顶端具2枚芒刺。生于
低中海拔山坡、草丛，花期7月至9月。

大狼杷草　　　　　　　　　　　　　小花鬼针草　　　195

翠菊

拉丁学名：*Callistephus chinensis*
别名：江西腊
分类类群：菊科 翠菊属
形态特征：一年生或二年生草本，高 30～100 厘米，头状花序单生，舌状花蓝紫色，管状花黄色。
实用观察信息：生于中高海拔山间的林缘、草坡、灌丛中，在北京西部和北部山区（如小龙门林场、海坨山、玉渡山、坡头林场等地）比较常见。花期 6 月至 8 月，为最佳观察时间。

翠菊在古时被称为江西腊（有时也写作江西蜡），也叫蓝菊、江西蓝。清代《卜魁纪略》一书中说："蓝菊俗名江西腊，花多蓝紫色。"在明代末年至清代，翠菊也被栽种用作观赏。除了野生翠菊通常的蓝色花之外，也有粉色、紫红色、红色等花色。清代《阅微草堂笔记》中写道："江西蜡五色毕备，朵若巨杯，瓣葳蕤如洋菊。"记述的就是各种花色的观赏翠菊。

从清代直到 20 世纪中后期，北京城中都可见到栽种的翠菊。老北京走街串巷的卖花小贩，吆喝词中就常有"江西腊哎，大红花儿哎，矮糠尖儿嘞"。在民间童谣《打花巴掌哒》里，每一句的末尾也会说"江西腊矮糠尖

野生翠菊群落　　　　　传统重瓣翠菊品种（花蓝紫色）

儿"。被称作江西腊的翠菊和"矮糠"（罗勒的品种之一），在当时都是常见花卉。如今重瓣翠菊有时也作为观赏花卉栽种，除了经典的蓝紫色和紫红色，近年来也有一些新兴品种，花色更为多样。

新兴翠菊园艺品种　　　　　传统重瓣翠菊品种（花紫红色）

甘野菊

拉丁学名: *Chrysanthemum lavandulifolium*

别名: 野菊花、菊花脑

分类类群: 菊科 菊属

形态特征: 多年生草本，高 30 ～ 150 厘米，头状花序排成复伞房状，舌状花与管状花均为黄色。

实用观察信息: 生于低中海拔的林下、山坡、草丛，在北京城区和山区（如紫竹院公园、北京植物园、翠湖湿地、喇叭沟门、小龙门林场等地）都比较常见。花期 9 月至 10 月，为最佳观察时间。

唐代《本草拾遗》中将甘野菊称为"苦薏"，其中记载："苦薏生泽畔，茎如马兰，花如菊。菊甘而薏苦。"其实"薏"原本指莲子中的莲心，由于具有苦味，所以在这里也用作形容有苦味的野菊花。明清时一些本草学著作中，直接将菊花分为甘、苦两种："甘菊"指栽培的菊花，"苦薏"是甘野菊、野菊等头状花序较小的野生菊花的统称。

　　观赏所用的菊花，如今通常认为并不能算是一个物种，而是泛指菊属的多个栽培品种。它们有可能是由野生菊属植物驯化选育而来。因此有人认为，晋代陶潜的名句"采菊东篱下，悠然见南山"中所说的菊花，并非大型观赏菊，而是甘野菊或近似的小型野菊。

　　由于甘野菊在秋季开花时也颇可观赏，北京的一些公园会专门保留野生的甘野菊，或者适当进行栽种和养护。例如，在北京植物园卧佛寺附近、将府公园等地，树下或水畔的甘野菊开放时，就可形成成片的金黄色景观。

刺儿菜

拉丁学名: *Cirsium arvense var. integrifolium*

别名: 小刺儿菜、小蓟

分类类群: 菊科 蓟属

形态特征: 多年生草本，高 30 ~ 80 厘米，叶缘有刺齿，头状花序单生或稀疏排列，总苞片具刺，管状花紫红色。

实用观察信息: 生于低中海拔的草丛、荒地、山坡、路旁，北京市各地（如各大公园、校园、小区中）都很常见。花期 4 月至 6 月，为最佳观察时间。

刺儿菜在古时也叫"小蓟"。《本草纲目》之中称，蓟开的花形状如发髻，所以称作"蓟"。古人认为蓟分大蓟、小蓟两类，大蓟是虎蓟，小蓟是猫蓟，用虎、猫命名有可能是因为它们的幼苗形态狰狞，也可能因为它们的叶边缘有刺，如兽的利齿。

古时有蓟州、蓟门、蓟丘等地名，可能都与蓟属植物有关。有人认为"蓟丘"的位置就在现北京西便门外白云观以西。如今北京的地名"蓟门桥"，最早是因为明代文人将德胜门外土城，附会成了古"蓟丘"，其实与真正的古代蓟城、蓟丘没有关系。

在植物分类学中，如今刺儿菜被看作丝路蓟的变种，另有一个变种是大刺儿菜。过去刺儿菜

刺儿菜的果实　　　　　　　　　　大刺儿菜的果实

和大刺儿菜曾被当作同一物种，但二者在形态和花期上都有差别：刺儿菜分枝较少，春夏开花；大刺儿菜分枝较多，夏秋开花。

大刺儿菜（*Cirsium arvense* var. *setosum*），植株高大，叶片较宽大，常羽状浅裂，植株中上部多分枝，头状花序较多，排成伞房状。生于低中海拔水边湿地、草丛、山坡，花期 7 月至 9 月。

块蓟（*Cirsium viridifolium*），植株形态与刺儿菜相似，但茎上具有稀疏的长毛，植株中下部的叶基半抱茎。生于低中海拔山区的水边湿地，花期 8 月至 9 月。

块蓟　　　　　　　　　　　　　大刺儿菜　　201

抱茎苦荬菜

拉丁学名：*Crepidiastrum sonchifolium*

别名：苦荬菜、抱茎小苦荬、苦碟子

分类类群：菊科 假还阳参属

形态特征：多年生草本，高15～60厘米，具白色乳汁，茎生叶基部心形抱茎，头状花序排成伞房状，舌状花黄色。

实用观察信息：生于低中海拔的荒地、草丛、路边、房前屋后，北京市各地（如各大公园、校园、小区中）都可见到。花期4月至6月，春季较常见，为最佳观察时间。

抱茎苦荬菜由于茎生叶明显抱茎（环绕在茎上一周）而得名，这也是它的重要识别特征，它的俗名"苦碟子"，也是由此而来。但抱茎的叶片并非是一个标准的圆形，而是长卵形，一端细长有尖，另一端有双尾。

抱茎苦荬菜极常见，耐旱耐寒，在北京的城市公园或小区草坪中，有时可以形成景观。在天坛公园、奥林匹克森林公园等地，园林部门还会对抱茎苦荬菜群落进行一定的维护，把它当作本土观赏野花的代表之一。

在植物分类学中，某个物种所在的类群有时也会调整。过去抱茎苦荬菜被归入菊科苦荬菜属，例如《北京植物志》就采用这一观点；后来它被归入小苦荬

属，也称"抱茎小苦荬"；如今根据最新的科研证据，它被归入了假还阳参属之中。因为类群调整，它的拉丁学名随之改变，故而有人建议，它的中文正式名也应改为"尖裂假还阳参"。在本书中，我们仍采用这一植物在北京流传较广的中文名——"抱茎苦荬菜"。

驴欺口

拉丁学名：*Echinops davuricus*

别名：蓝刺头

分类类群：菊科 蓝刺头属

形态特征：多年生草本，高 50～150 厘米，叶二回羽状分裂，边缘有刺，复头状花序单生，球形，管状花蓝色。

实用观察信息：生于中高海拔山间的草坡、林缘，在北京西部和北部山区（如百花山、白草畔、小龙门林场等地）比较常见。花期 7 月至 9 月，为最佳观察时间。

蓝刺头属植物的叶片质地比较坚硬，叶子边缘经常略呈波状，带有硬刺；花序聚集成球形，总苞片也具有硬刺。这些形态结构能够防止食草动物啃食。

蓝刺头属数种植物，在民间都被俗称为"驴欺口"，意思是食草动物不愿啃食它。如今中文正式名叫驴欺口的植物，在《北京植物志》等文献资料中称作"蓝刺头"。其实京郊至少有 3 种野生的蓝刺头属植物，分别是驴欺口、褐毛蓝刺头、羽裂蓝刺头，它们在过去常被混为一谈。

古人将数种植物称为"漏芦"，并用地名将它们加以区分。所谓"禹州漏芦"很可能指的就是驴欺口。如今在北京，有人尝试将驴欺口作为花卉栽种观赏。

褐毛蓝刺头的花序　　　　　　　　羽裂蓝刺头的花序

褐毛蓝刺头（*Echinops dissectus*），植株形态和花序与驴欺口相似，但茎上同时具有褐色毛和白色长毛（驴欺口仅具白色长毛），叶片背面沿中脉常有褐色毛，总苞片无毛（驴欺口具短毛）。生于中高海拔草坡、林缘，在松山、海坨山可见，花期7月至9月。

羽裂蓝刺头（*Echinops pseudosetifer*），植株形态和花序与驴欺口相似，但叶片一回羽状分裂（驴欺口为二回羽状分裂），质地稍软。生于低中海拔的草坡、林缘，在玉渡山、长峪城、小龙门林场、凤凰岭、坡头林场等地可见，花期7月至9月。

褐毛蓝刺头　　　　　　　　　　　羽裂蓝刺头　　205

林泽兰

拉丁学名：*Eupatorium lindleyanum*

别名：泽兰

分类类群：菊科 泽兰属

形态特征：多年生草本，高 30～150 厘米，头状花序排成伞房状，管状花淡紫红色或白色，雄蕊明显伸出花冠。

实用观察信息：生于低中海拔的溪畔、水边、湿草地，在北京官厅水库、妙峰山、九公山、金山等地可见。花期 7 月至 9 月，为最佳观察时间。

先秦时所说的"兰"或"兰草"是一类具有清香气味的野草。《诗经》中写道，郑国在上巳节时，人们要在沐浴后手持兰草，祭祀祈福。由于兰草到了秋季会在水边或路旁长得高大成丛，为人厌恶，所以有人专门去割除兰草，象征驱逐不祥，正所谓"芳兰当门，不得不除"。这里说的兰草，指的就是林泽兰或其他泽兰属植物。后来"兰花""兰草"才渐渐指代如今人们欣赏的国兰（古时称幽兰）。林泽兰等种类由于生在水边湿地，被统称为泽兰，用以和幽兰相区分。

老北京有一种"兰花烟"，读作"lán huā yān"，是早年间的一种旱烟，在烟草中拌入林泽兰的草籽（实为瘦果）制成，具有特殊香味。

泥胡菜

拉丁学名：*Hemisteptia lyrata*

分类类群：菊科 泥胡菜属

形态特征：二年生草本，高 30～100 厘米，基生叶莲座状，头状花序排成伞房状，管状花紫色。

实用观察信息：生于低中海拔的荒地、草丛、路边、房前屋后，北京市各地（如各大公园、校园、小区中）都可见到。花期 4 月至 6 月，为最佳观察时间。

泥胡菜为越年生长植物，第一年夏末至秋季种子萌发，长出基生叶，第二年春季长出茎和茎生叶，开花结果，同时基生叶枯萎。明代《救荒本草》中称，泥胡菜的基生叶可以用开水焯过，适当去掉辣味之后食用。如今在京郊，有人会割下泥胡菜的基生叶作为兔子、鸡等动物的饲料，很少有人再把它当作野菜食用。有时在采摘刺儿菜时，会误采到泥胡菜，通常会被择出扔掉。

泥胡菜通常在春末开花，花序生出后，在头状花序下面的花序梗上，往往能看到聚集成群的蚜虫。由于蚜虫数量较多，相对也比较密集，所以有时可以同时看到有翅和无翅两类蚜虫，或者有机会观察到蚂蚁"放牧"蚜虫、瓢虫捕食等现象。

旋覆花

拉丁学名：*Inula japonica*
别名：金佛花、六月菊、滴滴金
分类类群：菊科 旋覆花属
形态特征：多年生草本，高30～70厘米，头状花序排成伞房状，舌状花和管状花均为黄色。
实用观察信息：生于低中海拔的草丛、路边、水畔湿地，北京市各地（如圆明园遗址公园、小龙门林场、海坨山、碓臼峪、奥林匹克森林公园等地）都可见到。花期7月至9月，为最佳观察时间。

旋覆花的名字源于它的花开放时繁茂的样子，宋代《本草衍义》一书中说："花缘繁茂，圆而覆下，故曰旋覆。"古时它又被称为"盗庚"，按照天干与五行对应的说法，庚、辛属金，主秋季，旋覆花尚未入秋就已开出了黄花，这是因为它盗窃了秋季的"庚辛金"之气。

由于旋覆花的一个头状花序看上去像一朵金黄色的花，大小和铜钱相似，所以古人也把它称为"金钱花"。另外，旋覆花还有个别名叫作"滴滴金"，说的是它秋季开花，在露水滴落的季节遍地金色。这个名字后来被人误解，以为它像是上天滴落下来的金花。在20世纪中后期，北京城里把一种手持的烟花，称作

"滴滴金儿"，这是一种细长如硬绳的烟花，点燃一端，火星散落。这虽然和旋覆花本身无关，但名字里表述的意象是相同的。

中华苦荬菜

拉丁学名：*Ixeris chinensis*

别名：苦菜、苦麻菜、中华小苦荬

分类类群：菊科苦荬菜属

形态特征：多年生草本，高5～30厘米，具白色乳汁，头状花序排成伞房状，舌状花黄色。

实用观察信息：生于低中海拔的荒地、草丛、路边、房前屋后，北京市各地（如各大公园、校园、小区中）都可见到。花期4月至6月，春季较常见，为最佳观察时间。

　　由于20世纪后期植物学中分类观点的改变，中华苦荬菜曾经被称为"中华小苦荬"，但在华北地区，民间通常把它叫作"苦菜"。古时有不止一种具有苦味的植物被称为苦菜，但到了明清时，人们已经可以将它们区分开了。清代《植物名实图考》中所记载的"苦菜"，从描述到绘图，和中华苦荬菜非常近似。

　　如今在京郊虽然依旧有人采食中华苦荬菜，但已不甚流行。在

中华苦荬菜的花序　　　　　　　　多色苦荬的花序

民间，有时它也被称为"苦荬""苦麻菜"，老北京通常把它叫作"苦麻儿"，其中"麻儿"读作 már。《植物名释札记》一书中说，无论是"麻儿"还是"荬儿"，都是由"母"字的读音转化而来，意思是这种野菜是"苦味之母"，说明它是野菜里非常苦的一种。

多色苦荬（*Ixeris chinensis* subsp. *versicolor*），植株形态和花形与中华苦荬菜相似，但花色为白色或较浅淡的淡紫色。生境和花期与中华苦荬菜相似。多色苦荬过去也被称为"变色苦菜"，是中华苦荬菜的亚种。

公园中的中华苦荬菜群落　　　　　　小区草坪中的多色苦荬

211

大丁草

拉丁学名：*Leibnitzia anandria*

分类类群：菊科 大丁草属

形态特征：多年生草本，高 5 ~ 20 厘米，基生叶莲座状，头状花序单生，舌状花白色或淡紫红色，管状花黄色。

实用观察信息：生于低中海拔山间的草坡、林下，在北京山区（如香山、金山、玉渡山、小龙门林场等地）比较常见。花期 4 月至 6 月，为最佳观察时间，7 月至 9 月开秋季型花，也可观察。

大丁草的名字出自明代《庚辛玉册》一书，名字中的"丁"字可能是由于它的头状花序闭合时，整个花序和花序梗像是插入地面的钉子。此外这本书中还说道，大丁草别名又叫"烧金草"，是因为古代的方士可以用这种植物来炼丹、烧制金石。

大丁草的植株有春季型和秋季型两种类型。春季型的大丁草，叶片稍小，头状花序同时具有舌状花和管状花，整个头状花序看上去就像"一朵小菊花"的样子。而秋季型的大丁草，叶片较大，头状花序中只有管状花，整个花序紧缩。由于春季型的大丁草，植株形态和开花的样子，和欧洲常见的野生雏菊有些相似，因此有时也被误认作"雏菊"，但其实我国并没有野生的雏菊分布。

火绒草

拉丁学名：*Leontopodium leontopodioides*
别名：老头艾、薄雪草、雪绒花
分类类群：菊科 火绒草属
形态特征：多年生草本，高10～25厘米，具白毛，叶线形，头状花序排成伞房状，花序下方有白色苞叶，管状花黄白色。
实用观察信息：生于低中海拔山间向阳的草坡，在北京西部和北部山区（如松山、海坨山、东灵山等地）可见。花期5月至7月，为最佳观察时间。

　　火绒草全株有毛，尤其是茎顶的苞叶，具有白色或灰白色的厚绒毛。古时人们采集火绒草晒干，利用这些白毛（有时也混入一些干燥的植株）来制作引火用的火绒，因此得名火绒草。

　　欧洲著名的"雪绒花"，在20世纪前期有时也被翻译成薄雪草、贵白草，其实就是一种火绒草，正式中文名叫"高山火绒草"。在20世纪后期，电影《音乐之声》在我国播出后，其中的插曲《雪

火绒草的花序　　　　　　　　绢茸火绒草的花序

绒花》广为传唱，如今还作为童谣流传，这让人们很想亲眼目睹雪绒花的芳容。有人认为，不仅仅是高山火绒草，各种火绒草属植物都可以被看作广义的雪绒花。因此包括火绒草、绢茸火绒草等物种，在华北地区都被俗称为雪绒花。

　　火绒草属植物经常能够吸引蝇类前来传粉。它们的瘦果十分细小，经常混在冠毛之中，一起被风吹起，借助风力传播。

　　绢茸火绒草（*Leontopodium smithianum*），植株形态和火绒草相似，但整个花序连同苞叶在内，整体比较宽大，苞叶平展。生于中高海拔的草坡、亚高山草甸，花期7月至9月，明显晚于火绒草。

　　　　　　　　　　　　　　　　　　　　　　　　　　绢茸火绒草

亚高山草甸上的绢茸火绒草群落

狭苞橐吾

拉丁学名：*Ligularia intermedia*

分类类群：菊科 橐吾属

形态特征：多年生草本，高 40 ~ 100 厘米，基生叶肾状心形，头状花序排成总状，舌状花和管状花均为黄色。

实用观察信息：生于中高海拔的林下、林缘、沟边、草坡，在北京百花山、白草畔、玉渡山、雾灵山等地可见。花期 7 月至 9 月，为最佳观察时间。

古时"橐吾"这个名字，原本指菊科另一种植物：款冬。有人认为，"橐"字指盛物的口袋，"吾"字指金吾（古时的铜制仪仗棒），橐吾的意思就是"藏着铜棒"，指款冬在冬末春初忽而生出棒状植株，就好像这些"小棒子"之前被藏了起来。但在 20 世纪初期，由于橐吾和款冬的叶片比较相似，人们在核对古图进行植物名实考证时出现了误解，于是橐吾这一名字就被指定给了如今的橐吾属植物。其实在古代，薇衔、吴风草等名字，可能指的是如今的橐吾。

狭苞橐吾经常在林下或林缘成片生长。林中的环境比较郁闭，黄色的花更容易被昆虫发现，直立的花序也让狭苞橐吾高于其他草本植物和灌木，显得相当醒目。

217

蚂蚱腿子

拉丁学名：*Myripnois dioica*

分类类群：菊科 蚂蚱腿子属

形态特征：灌木，高60～80厘米，头状花序单生于枝侧，雌花和两性花异株，雌花仅有舌状花，粉红色，两性花仅有管状花，白色。

实用观察信息：生于低中海拔的山坡、林缘、灌丛中，在北京香山、金山、松山、霞云岭等地比较常见。花期4月至5月，为最佳观察时间。

　　蚂蚱腿子的名字可能来自民间俗称。有人认为，它的枝条（特别是新枝）呈"之"字状，弯折的关节像是蚂蚱等直翅类昆虫的后足，由此得名。通常菊科植物大都是草本，而蚂蚱腿子是北京地区唯一一种野生的木本菊科植物。（有人误传它是所有菊科植物中唯一的木本植物，这是不对的，例如我国西南分布的栌菊木，同样也是木本菊科植物。）

　　蚂蚱腿子的嫩叶具毛，揉碎略有奶香味，在野外观察时可以用于辅助识别物种，但它的叶片成熟后毛会脱落，也没有气味。

在《中国植物志》中记载，蚂蚱腿子是雌花和两性花异株。它的雌花仅有舌状花，粉红色，但有时会褪色，看上去是比较淡的淡粉色。它的两性花仅有管状花，白色，不过虽然号称"两性花"，其中的雌蕊却不能行使受粉功能，也不能形成果实，仅有协助花粉传播的功能，故而虽然是两性花，但从作用上来看就是雄花。

蚂蚱腿子的两性花序

蚂蚱腿子的雌花序

蚂蚱腿子植株　　219

漏芦

拉丁学名：*Rhaponticum uniflorum*

别名：祁州漏芦

分类类群：菊科 漏芦属

形态特征：多年生草本，高 30～100 厘米，头状花序单生，总苞片外有干膜质附属物，管状花紫色。

实用观察信息：生于低中海拔的向阳山坡、草丛中，在北京山区（如松山、百花山、琉璃庙、小龙门林场、下苇甸等地）比较常见。花期 5 月至 6 月，为最佳观察时间。

漏芦在古时名叫"漏卢"，《本草纲目》之中称，"漏"指屋子西北角暗处，"卢"指黑色，漏芦秋季干枯后多为黑褐色，故此得名。但是历代古书中，对于"漏芦"的形态描述差异很大，根据产地不同，古代的"漏芦"被冠以单州、祁州、秦州、海州等名号，对应的植物可能是牡丹、漏芦、麻花头、大火草、白头翁、委陵菜等多个类群中的物种。如今所说的漏芦，在 20 世纪中期被称为"祁州漏芦"，就是各种"漏芦"之一。

漏芦的头状花序中，多层总苞片上都具有干膜质的附片。即使漏芦的花尚未开放，总苞片的干膜质结构就已非常醒目，看到这一特征就可将漏芦识别出来。

紫苞雪莲

拉丁学名：*Saussurea iodostegia*

别名：紫苞风毛菊

分类类群：菊科 风毛菊属

形态特征：多年生草本，高30～70厘米，头状花序排成伞房状，外有大型紫色苞叶，管状花暗红色或紫黑色。

实用观察信息：生于高海拔山坡草地、林缘、亚高山草甸，在北京百花山、东灵山、海坨山等地可见。花期8月至9月，为最佳观察时间。

紫苞雪莲名为"雪莲"，是因为它和雪莲都属于同一个类群：菊科风毛菊属。在过去它原本被称为"紫苞风毛菊"。风毛菊属植物又可以划分为几个不同的亚属，紫苞雪莲所在的是雪莲亚属。它的亲缘关系和形态特征都与其他雪莲比较相近，所以后来植物学家建议，把它的中文正式名改为了紫苞雪莲。

紫苞雪莲的花序外侧包有紫色的苞叶，这是特化的叶片，雪莲亚属的植物大多数都有这样的特殊结构：苞叶内部形成一个温室，阳光照射过来时，具有一定透光度的苞叶内部温度会随之升高，而当夜晚来临，或者遇到风雨等天气，苞叶内的温度不会骤然降低。这样有利于它们在高山、高原等较寒冷的环境中生存。

风毛菊

拉丁学名: *Saussurea japonica*

别名: 日本风毛菊

分类类群: 菊科 风毛菊属

形态特征: 二年生草本，高 50～150 厘米，头状花序排成伞房状，管状花紫色。

实用观察信息: 生于低中海拔山间的草坡、沟边、路旁，在北京山区（如松山、小龙门林场、海坨山、百花山等地）比较常见。花期 8 月至 9 月，为最佳观察时间。

有人认为，风毛菊的名称来自于它的果实形态。《汉语大词典》中对于"风毛"有两种解释：一是指毛羽随风飞散，二是指皮衣襟上和袖口处的装饰性皮毛边。风毛菊的瘦果上具有冠毛特化而来的羽毛状结构，用以帮助果实借风力传播，整个头状花序在果期，看上去就像许多乱毛，与"风毛"一词的第一种含义比较近似。

京郊有多种野生的风毛菊属植物。风毛菊按照拉丁学名直译，也可以称作"日本风毛菊"，在它的茎和下部叶的叶柄上，有时具有"狭翼"，也就是茎上生有一条薄片状的结构，垂直于茎，能够起到一定的支持作用，这也是风毛菊的野外识别特征之一。

篦苞风毛菊（*Saussurea pectinata*），植株形态和花序与风毛菊相似，但头状花序的外层总苞片具有齿状的附属物，常向外反折。生于山间林下、林缘、草坡，在玉渡山、小龙门林场、喇叭沟门、坡头林场等地可见，花期与风毛菊相似。

银背风毛菊（*Saussurea nivea*），花序与风毛菊相似，基生叶卵状三角形，具长叶柄，叶片背面密被银白色绵毛，整个总苞略呈坛状，头状花序排列稍疏松。生于山间林下、灌丛中，在喇叭沟门、海坨山、长峪城、东灵山等地可见，花期与风毛菊相似。

篦苞风毛菊的花序

银背风毛菊的花序

篦苞风毛菊

银背风毛菊

223

桃叶鸦葱

拉丁学名: *Scorzonera sinensis*

别名: 皱叶鸦葱

分类类群: 菊科 鸦葱属

形态特征: 多年生草本,高5～50厘米,具白色乳汁,头状花序单生,舌状花黄色。

实用观察信息: 生于低中海拔的荒地、山坡、草丛,在北京山区(如金山、小龙门林场、松山、玉渡山等地)比较常见。花期4月至6月,为最佳观察时间。

　　明代《救荒本草》一书中记载的"鸦葱"很可能就是桃叶鸦葱。其中说道,"叶瓣尖长撮地而生",指的是它的叶片大都是基生叶,又说"叶边皆曲皱",这是桃叶鸦葱的典型识别特征:基生叶为披针形至线形,边缘皱波状。

　　桃叶鸦葱可以当作野菜,它的叶片具有少许辛辣味,与葱相似。古人给植物命名时,"鸦""雀"等鸟类通常用来指这种植物体型较小。因此,鸦葱指的就是"比葱小而味道似葱的植物"。

　　20世纪中后期,城市里也可见到桃叶鸦葱,天坛公园、北京动物园等地都曾有分布。但如今要去郊区或山林间,才能见到它了。

华北鸦葱（*Scorzonera albicaulis*），又名细叶鸦葱、笔管草，植株直立，具明显茎生叶，头状花序在枝顶排列成伞房状，舌状花淡黄色。生于低中海拔的山区及平原，有时城市中的路边荒地上就可见到，花期在春季。华北鸦葱的整个果序看上去蓬松多毛，常被误当作"大型蒲公英"。

鸦葱（*Scorzonera austriaca*），植株形态和花序与桃叶鸦葱相似，但叶片边缘平展，不为明显波状（桃叶鸦葱明显波状）。生境和花期与桃叶鸦葱相似。

华北鸦葱

鸦葱

华北鸦葱的果实

鸦葱的花序

苦苣菜

拉丁学名：*Sonchus oleraceus*

别名：滇苦荬菜

分类类群：菊科苦苣菜属

形态特征：一年生或二年生草本，高 40 ～ 150 厘米，具白色乳汁，叶通常羽状深裂，头状花序排成伞房状，舌状花黄色。

实用观察信息：生于低中海拔的草丛、路边、山坡，在北京山区（如小龙门林场、百花山、琉璃庙等地）和城市中（如北京大学校园、北京植物园、天地科学园区等地）都可见到。花期 6 月至 10 月，为最佳观察时间。

苦苣菜很可能就是古时称为"苦"或"荼"的植物，由于味道苦涩，是野菜中的下品，主要被平民采食。《诗经》之中说"谁谓荼苦，其甘如荠"，就是把味道苦涩的苦苣菜（荼），和味道鲜美的荠菜来对比。古人还把这两种植物并称为"荼荠"，用来比喻小人和君子。

民间所谓"苦菜"，泛指数种有苦味的野菜，苦苣菜只是其中之一。因为味道不佳，只有在饥荒时才会有人采食苦苣菜。

苦苣菜的整个头状花序，在清晨时就会张开，如果遇到阳光照射，到中午时分整个花序就会渐渐闭合。因此观察苦苣菜的花，要选在上午。

长裂苦苣菜（*Sonchus brachyotus*），又叫苣荬菜，植株形态和花序与苦苣菜相似，但叶片边缘通常无明显尖利的锯齿。生境和花期与苦苣菜相似，也常见于田边，京郊俗称其为"取麻菜"，在《北京植物志》中称作"苣荬菜"，嫩叶是常见野菜。有时京郊俗称为"苦菜""苦麻儿"的野菜，也可能指长裂苦苣菜。

花叶滇苦菜（*Sonchus asper*），又叫续断菊，植株形态和花序与苦苣菜相似，但叶片边缘有尖齿刺，有时叶片不分裂或羽状浅裂（苦苣菜的叶片边缘仅有锯齿，通常不呈刺状）。生境和花期与苦苣菜相似，但不太常见。

长裂苦苣菜的花序

花叶滇苦菜的花序

长裂苦苣菜

花叶滇苦菜

227

蒲公英

拉丁学名： *Taraxacum mongolicum*

别名： 婆婆丁、黄花地丁

分类类群： 菊科 蒲公英属

形态特征： 多年生草本，高 10～25 厘米，具白色乳汁，叶全部基生，头状花序单生，舌状花黄色。

实用观察信息： 生于低中海拔的草丛、路边、山坡、房前屋后，北京市各地（如各大公园、校园、小区中）都很常见。花期 3 月至 6 月，为最佳观察时间。

唐代《千金方》中有一种"凫公英"，就是如今的蒲公英。凫指的是雁鸭类水鸟，有人认为，蒲公英的果实为白色绒球，形似雁鸭的头部。蒲公英也有别名叫"鹁鸪英"，得名的原因可能与此类似。此外，蒲公英也被称为"地丁"，《本草纲目》中称："金簪草一名地丁，花如金簪头，独脚如丁，故以名之。"这是指它的头状花序没有张开时，像是钉子立在地上。明代《野菜谱》中把蒲公英称为"白鼓钉"，有诗称："白鼓钉，白鼓钉，丰年赛社鼓不停，凶年罢社鼓绝声。鼓绝声，社公恼，白鼓钉，化为草。"

在 20 世纪中后期，北京民间常把蒲公英称为"婆婆丁"。蒲公英的嫩叶可以食用，也有人用它的干燥叶片来泡茶。如今城市中的公园草地上，有时会见到有人去挖蒲公英，这种做法可能会破坏环境，又有农药中毒的风险，不建议这样做。

蒲公英在花开过后，每朵小花都会变成一枚瘦果，顶部的冠毛形如小伞，可以借助风力传播。整个果序看上去像是一个毛球，小孩子喜欢把它摘下来吹散。其实，菊科植物有很多种类的果实都有"小伞"（如鸦葱属、苦荬菜属、苦苣菜属等），看到"伞兵"就当作蒲公英是不合适的。

白缘蒲公英（*Taraxacum platypecidum*），植株形态和花序与蒲公英相似，但头状花序的总苞片具有白色宽膜质的边缘。生于中高海拔山间的草坡、林缘、亚高山草甸，花期5月至7月。在京郊较高海拔地区山坡上所见的蒲公英属植物，通常是本种。

芥叶蒲公英（*Taraxacum brassicaefolium*），植株形态和花序与蒲公英相似，但植株明显高大，高可达50厘米，叶片可长达30厘米。生于中高海拔林缘、溪边，花期5月至6月。

白缘蒲公英　　　　　　　　　　芥叶蒲公英　　229

款冬

拉丁学名：*Tussilago farfara*
别名：冬花
分类类群：菊科 款冬属
形态特征：多年生草本，花期高 5～10 厘米，头状花序单生，舌状花和管状花均为黄色，花后生叶。
实用观察信息：生于中海拔山间溪流中水畔湿地，在北京龙门涧、延庆区后河等地可见。花期 3 月至 4 月，为最佳观察时间。

根据《本草纲目》中的说法，"款"的意思是极致，这种植物在冬季最冷的时候开始孕育花朵，所以叫款冬。款冬在地下有横生的根状茎，早春时先生出花莛，上面生有细小的鳞片状叶，头状花序生于顶端。花谢之后，叶片才会长出。款冬属于早春的"类短命植物"，它的繁殖策略是赶在树荫遮蔽之前完成传粉。

款冬曾是京郊开花最早的野生植物，有时 2 月中旬就可以见到花开。因此，有些人在早春专程去看款冬，却不太注意保护植物和环境。在昌平区白羊沟，曾经有款冬的小群落，春季被"围观"后往往会受到一定程度的损害。如今白羊沟已经见不到款冬了，这也提醒我们在野外观察植物时，一定要遵守生态道德。

五福花

拉丁学名：*Adoxa moschatellina*

分类类群：五福花科 五福花属

形态特征：多年生草本，高 8 ~ 15 厘米，头状花序顶生，共 5 朵花，黄绿色，其中 1 朵顶生，花冠 4 裂，另外 4 朵侧生，花冠 5 裂。

实用观察信息：生于中高海拔山间的林下、林缘，在北京小龙门林场、百花山、喇叭沟门等地可见。花期 5 月至 8 月，为最佳观察时间。

在五福花的一个花序中，通常生有 5 朵花，因此被称为"五福"。它的花序有一个比较特殊的现象：同一个花序中，顶生的 1 朵花，通常花冠 4 裂，具有 8 枚雄蕊，4 枚柱头；侧生的 4 朵花，通常花冠 5 裂，具有 10 枚雄蕊，5 枚柱头。

有人认为，这种现象是因为顶生花和侧生花演化的方式和速率不一致，顶生花更接近于原始的状态，侧生花则是在顶生花形态的基础上，额外生出了 1 片花冠裂片、2 枚雄蕊和 1 枚柱头。

侧生花

顶生花

败酱

拉丁学名：*Patrinia scabiosifolia*

别名：黄花龙芽

分类类群：忍冬科 败酱属

形态特征：多年生草本，高 30～100 厘米，聚伞花序组成伞房状，花黄色，花冠钟形，5 裂。

实用观察信息：生于低中海拔的草丛、山坡、沟谷、林缘，在北京山区（如百花山、玉渡山、小龙门林场、海坨山等地）以及平原地区（如奥林匹克森林公园等地）可见。花期 6 月至 8 月，为最佳观察时间。

　　败酱生于地下的根状茎横生，在一些植物文献里描述为"具有陈腐气味"，如果亲身感受，可能会觉得那是类似脚臭味的特殊臭气。它的新鲜根状茎气味较淡，晒干后臭气更为明显。不过，由于败酱具有一定的毒性，虽然肉眼观察没有问题，但如果要动手操作，最好在专业人士陪同下进行，特别是不要食用根状茎。

　　南北朝时的陶弘景认为，它的"根作陈败豆酱气"，所以名叫败酱。清代《植物名实图考》一书中把败酱称作黄花龙芽，并解释说，它的花开时黄色，有些土医将它误认作"龙芽草"。在《北京植物志》等资料中，沿用了这个中文名称，把它称作黄花龙芽。

蓝盆花

拉丁学名：*Scabiosa comosa*
别名：华北蓝盆花、山萝卜
分类类群：忍冬科 蓝盆花属
形态特征：多年生草本，高 30～60 厘米，头状花序顶生，排成三出聚伞状，花蓝紫色，边缘花二唇形，中央花筒状。
实用观察信息：生于中高海拔的山坡、草丛、亚高山草甸，在北京西部和北部山区（如松山、海坨山、玉渡山、白草畔、小龙门林场等地）可见。花期 7 月至 10 月，为最佳观察时间。

蓝盆花的"一朵花"像是盆形，因此得名，但这并非真正的一朵花，而是一个头状花序。花序边缘的花较大，是近乎平铺的二唇形，花序中央的花通常为筒状。由于蓝盆花的根粗壮，有人认为古代所谓"山萝卜"指的就是蓝盆花。

蓝盆花在一些资料中也称"华北蓝盆花"。它的花序和果序美观，清代开始被人们关注，用作观赏。故宫博物院收藏的清代《种秋花图》中，就画了蓝盆花栽种在庭院中的场景。如今西方园艺学家有时会选用蓝盆花属植物栽种，花店里也常有蓝盆花的近亲种类，与它最相似的是一种名为"松虫草"的切花，这种花的正式名称是日本蓝盆花。

北柴胡

拉丁学名：*Bupleurum chinense*

别名：竹叶柴胡

分类类群：伞形科 柴胡属

形态特征：多年生草本，高 50 ~ 85 厘米，茎呈"之"字形曲折，复伞形花序，花黄色。

实用观察信息：生于低中海拔山间的草丛、路边、林缘，在北京山区（如小龙门林场、东灵山、松山、坡头林场、长峪城等地）可见。花期 7 月至 10 月，为最佳观察时间。

北柴胡在古时，被医家当作"柴胡"或者"北柴胡"入药，是一种比较知名的草药。但柴胡的名字，自古就比较难以解释。唐代《新修本草》一书中说，柴胡的根为紫色，因此原本被称为"紫胡"，又因根木质，所以"紫"字的部首由"糸"换成了"木"，变成了柴胡。《本草纲目》则说，年老的柴胡质地坚硬，可以当作柴火，由此得名。《植物名释札记》一书中认为，地下根膨大的植物，有时被称为"胡"，柴胡的名字也由此而来。

柴胡属植物的花序，由多个小型的伞形花序聚集起来，组成复伞形花序。每个小型伞形花序之下具有"小总苞片"，其形态可作为区分物种的依据之一。

雾灵柴胡（*Bupleurum sibiricum* var. *jeholense*），植株形态与北柴胡相似，但茎不呈"之"字形曲折，复伞形花序中的每一个伞形花序，底部有5枚较为明显的小总苞片，黄绿色，长度超过花序（北柴胡的小总苞片不明显）。生于中高海拔林缘、亚高山草甸，花期7月至9月，"模式标本"采自雾灵山。

黑柴胡（*Bupleurum smithii*），植株形态和花序与雾灵柴胡相似，但叶较宽，小总苞片通常6～9枚（雾灵柴胡小总苞片常为5枚）。生于中高海拔山坡草地，在东灵山可见，花期7月至9月。

雾灵柴胡

黑柴胡

雾灵柴胡的花序

黑柴胡的花序

235

蛇床

拉丁学名：*Cnidium monnieri*

别名：野茴香

分类类群：伞形科 蛇床属

形态特征：一年生草本，高 20 ～ 80 厘米，复伞形花序，花白色，花瓣 5 枚。

实用观察信息：生于低中海拔的荒地、草丛、路边、湿地，北京市各地（如小龙门林场、玉渡山、十渡、紫竹院公园、奥林匹克森林公园等地）都可能见到。花期 5 月至 7 月，为最佳观察时间，有时直到 10 月还可见到开花。

《尔雅》中称，蛇床又名"虺床"，虺在古代指的也是蛇类，和"蛇床"意思相通。古人传说，蛇喜欢卧在蛇床的叶子下面，以它的种子为食，所以蛇床还有蛇粟、蛇米等别名。但实际上蛇是肉食性动物，并不会吃蛇床的果实或种子，也并不特别偏爱蛇床的生长环境。有可能是古人将喜欢取食伞形科植物叶片的金凤蝶幼虫，误认成了蛇。

虽然在民间，有些地方会采摘蛇床的嫩茎叶当作野菜，但是包括蛇床在内，很多伞形科植物都含有"光敏性物质"，如果食用或接触到皮肤后，再被阳光中的紫外线照射，就有可能患上光敏性皮炎。

短毛独活

拉丁学名：*Heracleum moellendorfii*

别名：老山芹

分类类群：伞形科 独活属

形态特征：多年生草本，高 80 ～ 200 厘米，复伞形花序，花白色，花瓣 5 枚，花序边缘的花瓣较大。

实用观察信息：生于中高海拔山间的林下、林缘、沟边，在北京山区（如东灵山、白草畔、龙门涧、喇叭沟门等地）可见。花期 6 月至 8 月，为最佳观察时间。

独活属的中文名按照南北朝时陶弘景的说法是："一茎直上，不为风摇，故曰独活。"也有人认为，这类植物虽然风摇不动，但无风时却可以自行摇动，所以也叫"独摇"。这些说法有可能源于这类植物的植株高大，扎根较深，不易被风吹倒。短毛独活的"模式标本"采自北京百花山，名字里的"短毛"指它的植株整体生有短硬毛。

短毛独活茎生叶的叶柄基部有显著而宽展的叶鞘，新生叶鞘有可能被误认为花蕾。它的复伞形花序中，边缘花的花瓣通常比花序中部的花更大，小花的形态也不甚对称。这种结构可以使得整个花序显得更大、更明显，更容易吸引传粉者。

237

水芹

拉丁学名：*Oenanthe javanica*

别名：水芹菜、野芹菜

分类类群：伞形科 水芹属

形态特征：多年生草本，高 15 ~ 80 厘米，茎中空，复伞形花序，花白色，花瓣 5 枚。

实用观察信息：生于低中海拔的水边湿地、沟边草丛，在北京各地（如拒马河、永定河、潮白河部分河段，以及官厅水库、松山、奥林匹克森林公园等地）都可能见到。花期 7 月至 8 月，为最佳观察时间。

水芹古名叫作"水靳"，后来"靳"被俗写为了"芹"字。古时我国所谓"芹菜"起初仅指水芹，后来旱芹传入，为了区分，生于湿地水边的水芹，才由"芹"变成了"水芹"。《诗经》中有"言采其芹"等诗句，所说的就是古人采集水芹的情形。水芹的嫩叶和嫩茎具有清香味，不仅可以食用，《周礼》中记载，经腌制的水芹也可作为祭祀物。

如今在京郊，水芹通常被称为"水芹菜"，是比较常见的野菜。但食用水芹有一定风险，因为京郊有一种有毒的植物叫毒芹，幼苗和水芹相似，曾经出现过把毒芹当作水芹误食而中毒的情况。所以在没有专家陪同的情况下，不建议采摘水芹食用。

毒芹（*Cicuta virosa*），植株形态和花序与水芹相似。幼苗时二者的区别在于，毒芹的根茎内部中空，并具有明显的横隔。在花果期，水芹的花序伞辐不等长，花排成一个平面，像是伞房花序状，而毒芹的花序伞辐等长，花排成一个球面。但不能仅凭幼苗的根茎或花序特征，就草率区分或鉴定。毒芹的生境和花期与水芹相似。

泽芹（*Sium suave*），植株形态和花序与毒芹相似，但叶片一回羽状分裂，而毒芹的叶片一至二回或二至三回羽状分裂。生境与水芹相似，花期 7 月至 10 月。

毒芹的花序

泽芹的花序

毒芹

泽芹

一把伞南星

拉丁学名：*Arisaema erubescens*

别名：山苞米

分类类群：天南星科 天南星属

形态特征：多年生草本，高 30 ～ 100 厘米，叶通常 1 枚，基生，具长叶柄，叶片放射状分裂，佛焰花序基生，佛焰苞绿色或带淡紫色，背面有白色条纹。

实用观察信息：生于低中海拔山间的林下阴湿处，在北京山区（如小龙门林场、玉渡山、龙门涧、喇叭沟门、阳台山等地）可见。花期 5 月至 7 月，为最佳观察时间。

古人所谓"天南星"，指的是数种天南星属植物，其中就有一把伞南星。《本草纲目》中称："南星因根圆白，形如老人星状，故名南星。"老人星是南天星座船底座中的一颗亮星，颜色看上去是黄白色的。"大南星"的块茎为扁球形，表皮黄白色，与老人星相似，由此得名。

天南星属植物大多有毒，一把伞南星的全株都有毒，块茎毒性较大，对皮肤和口腔都有强烈刺激，误食后严重者可导致死亡。它的浆果看上去与玉米的形态相似，所以以民间俗称作"山苞米"。但它的果实同样有毒，不可食用，即使只是用手接触果实，也可能造成皮肤麻痹。

半夏

拉丁学名：*Pinellia ternata*

别名：三叶半夏

分类类群：天南星科 半夏属

形态特征：多年生草本，高 15～35 厘米，叶基生，叶片通常 3 全裂，佛焰花序基生，佛焰苞淡绿色或边缘带紫黑色，附属器细长。

实用观察信息：生于低中海拔的草丛、路边、林下，北京市各地（如地坛公园、圆明园遗址公园、紫竹院公园、奥林匹克森林公园等地）都比较常见，城市中小区内有时也可见到。花期 5 月至 7 月，为最佳观察时间。

《礼记》中记载，仲夏的物候有一则是"半夏生"。因此自古就有人认为，仲夏五月为夏季之半，半夏生于此时，故而得名。但《植物名释札记》一书中称，如今的半夏，大多生于阴历二三月间，并非五月，而古时又有半夏于"五月八月采根"的说法，所以书中认为，半夏的名字不是因为仲夏生出，而是指应当在仲夏时节采撷。

清代《植物名实图考》一书中称，半夏"开花如南星而小，其梢上翘似蝎尾"，因花序的形态而将半夏俗称为"蝎子草"。由于这个别称，民间传说被蝎子蜇后可以用半夏解毒，这种说法不可轻信，也不能用于急救。

半夏全株有毒,块茎的毒性较大,对人的皮肤、黏膜有强刺激性,主要毒性成分是草酸钙针晶和毒蛋白,误食后严重者会因呼吸困难而死。古时如有人服用半夏中毒,可以用姜来缓解,所以古人把半夏粉末和姜汁作为原料,制作"半夏饼"。但长期食用半夏可致肝肾损伤,如今已无人把半夏当作食材了。

半夏属植物的花序比较特殊:外面绿色的是"佛焰苞",管状,几乎将整个肉穗花序包裹在其中;管口伸出的细长结构叫"附属器",颜色会由绿色渐变为青紫色,真正的小花全部藏在管中,依靠小型昆虫传粉。如今,也有人喜爱半夏花序的独特全部形态,把它作为小型盆栽观赏。

虎掌(*Pinellia pedatisecta*),又名掌叶半夏,植株形态和花序与半夏相似,但植株较大,叶片鸟足状分裂,花序的佛焰苞不带有青紫色,附属器淡黄绿色。生于中低海拔山坡林下和沟谷,城市小区或公园的草丛中有时可以见到,花期6月至7月。虎掌为我国特有植物,"模式标本"采自北京。

半夏的花序

虎掌

243

野慈姑

拉丁学名：*Sagittaria trifolia*

别名：剪子股

分类类群：泽泻科 慈姑属

形态特征：多年生水生草本，高 15～70 厘米，叶基生，箭形，雌雄异花同株，花序中雌花在下，雄花在上，花白色，内轮花被片 3 枚，花瓣状。

实用观察信息：生于低海拔的河流、池塘、湖泊浅水处或水边湿地，北京市各地（如永定河、拒马河、温榆河部分河段，以及野鸭湖、北沙河、奥林匹克森林公园等地）都可能见到。花期 6 月至 9 月，为最佳观察时间。

《本草纲目》之中称："慈姑，一根岁生十二子，如慈姑之乳诸子，故以名之。"慈姑的根状茎横走，末端膨大，膨大的球状根茎可分生出多个新的植株，就像妇姑养育诸子。野慈姑是野生的慈姑属植物，食用的慈姑是它的亚种。但野慈姑的根状茎末端有时会膨大，有时不会膨大。过去在北京民间，有人采挖野慈姑的膨大根茎食用。

慈姑、野慈姑的叶片都是箭形的，看上去像是剪子，古人称之为"剪刀草"，野慈姑在北京被俗称为"剪子股"。慈姑的名字有时也被写作茨菇、茨菰。古代有一种纹饰叫作"茨菰纹"，

描绘的就是慈姑叶片的形状，金朝时在北方地区流行。京剧中一些角色佩戴的箭头形头饰叫作"茨菰叶"，仿照的也是慈姑叶片的形状。

野慈姑的雌花

野慈姑的雄花

野慈姑的叶片

野慈姑的植株及生境

花蔺

拉丁学名：*Butomus umbellatus*

分类类群：花蔺科 花蔺属

形态特征：多年生草本，高 30 ～ 120 厘米，通常丛生，伞形花序，花白色带红色，外轮花被片 3 枚，内轮花被片 3 枚，雄蕊 9 枚。

实用观察信息：生于低海拔的河流、池塘、湖泊浅水处，在北京怀九河、拒马河部分河段，以及北沙河、圆明园遗址公园、奥林匹克森林公园等地都可能见到。花期 5 月至 7 月，为最佳观察时间。

花蔺古时名叫"菽蒤"，读作 mào sǎo，它的根茎在水下泥中横生，古人认为这种根茎的味道微带甘甜，可以蒸食或制成炒面粉。但如今花蔺被列为北京市二级保护植物，禁止采食。

在 20 世纪前期，植物学家为这种植物拟定了一个不那么生僻的名字：花蔺。"蔺"字在北京和一些北方地区，用于词尾时读作 liàn 或轻声 lian，指细长而坚硬的条形或线形叶片。

花蔺生于水中，植株挺立出水，花莛在花期时直立，成熟后弯曲倒伏，果实就会被浸入水下，种子脱落后随水流传播。此外，它的花莛顶端还会长出无性繁殖用的"珠芽"，在花莛上就萌发出根和叶，落到水中后可直接扎根，长成新植株。

北重楼

拉丁学名：*Paris verticillata*
别名：七叶一枝花
分类类群：藜芦科 重楼属
形态特征：多年生草本，高 25～60 厘米，叶通常 6～8 枚轮生，花从轮生叶片中心抽出，黄绿色，外轮花被片 4 枚，花瓣状。
实用观察信息：生于中高海拔山间的林下、沟边，在北京西部和北部山区（如百花山、白草畔、小龙门林场、喇叭沟门等地）可见。花期 5 月至 7 月，为最佳观察时间。

重楼属植物在古时被统称为"七叶一枝花"，明代的民谣说："七叶一枝花，深山是我家。"华北地区最常见的重楼属植物就是北重楼，北京、河北等地民间也将它称作"七叶一枝花"。虽然名为七叶，但它的叶片数量通常六至八枚，有时更少或者更多。

重楼是指这类植物像楼台一样分为 3 层：轮生的叶片是第 1 层；外轮的叶状花被片是第 2 层；中间的雌蕊子房和柱头是第 3 层。重楼在古时用于治疗蛇虫叮咬，所以也叫"蚤休"，其中"蚤"泛指毒虫。

北重楼是风媒花，以自花传粉为主，花药有向光性。花初开时，外轮花被呈旋转状，有利于控制花中的空气流动和光照，提高花药将花粉散播到自己柱头上的效率。

藜芦

拉丁学名：*Veratrum nigrum*

别名：黑藜芦

分类类群：藜芦科 藜芦属

形态特征：多年生草本，高60～120厘米，叶表面有纵棱，圆锥花序顶生，花紫黑色或暗红色，花被片6枚。

实用观察信息：生于中高海拔的林下、草坡、林缘，在北京西部和北部山区（如百花山、小龙门林场、玉渡山等地）可见。花期7月至8月，为最佳观察时间。

在藜芦的植株基部，常有黑色网状的残存叶鞘，这也是它的名字的来源。古时"黎"的意思是黑色，"芦"的意思是草药靠近根部的部位，合在一起就是指这种植物靠近根部有黑皮。

藜芦全株有毒，特别是根部的毒性最强，少量误食就会出现中毒症状，严重时会因呼吸衰竭而死。在北京山区，有一些野菜（如玉竹、鹿药、茖葱）的嫩叶和藜芦相似，因此有时会出现吃野菜时误食藜芦的情形。藜芦的叶片表面有下陷纵棱，植株基部常有残存叶鞘，这是它和其他相似物种的区分特征。有时民间把藜芦称为"山葱"，这个别名容易让人误解。由于容易混淆，所以不建议随意采食山野菜。

有斑百合

拉丁学名：*Lilium concolor* var. *pulchellum*
别名：红百合
分类类群：百合科 百合属
形态特征：多年生草本，高30～50厘米，花红色或橙红色，有光泽，花被片6枚，上面散生紫黑色斑点。
实用观察信息：生于中高海拔的山间草坡、林下、林缘，在北京西部和北部山区（如百花山、小龙门林场、王渡山、云蒙山等地）可见。花期6月至7月，为最佳观察时间。

有斑百合是渥丹的变种，但渥丹花瓣上没有黑色斑点，在华北等地可见，京郊没有分布。古人经常把有斑百合、渥丹以及山丹等种类混淆，统称为"山丹"。有斑百合具有一定的观赏价值，它也被列为北京市二级保护植物，在野外见到时禁止随意采摘或挖掘。

有斑百合在开花时，无论是同花授粉（花粉授于同一朵花的柱头上）还是同株异花授粉（花粉授于同株之中不同花的柱头上），都无法结出果实。因此，它要靠传粉者将不同植株的花粉带来。有人认为，有斑百合花被片上的紫黑色斑点有助于吸引传粉昆虫。在京郊，蜂类和蝶类都可能是有斑百合的有效传粉者。

山丹

拉丁学名：*Lilium pumilum*
别名：山丹丹花、细叶百合
分类类群：百合科 百合属
形态特征：多年生草本，高 15～60 厘米，叶在茎上螺旋状着生，花红色，花被片 6 枚，向后反卷。
实用观察信息：生于低中海拔山间的草坡、林缘、山崖石缝中，在北京山区（如百花山、东灵山、喇叭沟门、碓白峪、香山等地）可见。花期 6 月至 8 月，为最佳观察时间。

古时把数种开红色花的百合属植物都称为山丹。唐代《食疗本草》一书中记载："百合红花者名山丹。"古人有时也把山丹当作观赏花卉，例如藏于故宫博物院的清代《种秋花图》中，就绘有两株栽植在山石边上的红色山丹花。

山丹的鳞茎在民间曾被当作百合采挖食用，如今山丹被列为北京市二级保护植物，已禁止采摘或挖掘。山丹的种子扁平，具有薄翅，能够随风飘飞，有时种子会落在山崖岩壁的缝隙里，扎根长大。在这样的环境里，喜爱啃食山丹鳞茎的动物不易到达，植株更易存活下来。因此在京郊的一些山崖上和沟谷两侧，常可看到零星散布的山丹。

珊瑚兰

拉丁学名：*Corallorhiza trifida*

分类类群：兰科 珊瑚兰属

形态特征：多年生草本，高 10～22 厘米，茎红褐色，无绿叶，总状花序，花淡黄绿色或白色，花冠两侧对称。

实用观察信息：生于中高海拔山间林下，在北京百花山、海坨山等地可见。花期 6 月至 7 月，为最佳观察时间。

　　珊瑚兰的根状茎肉质，多分枝，珊瑚状，因此得名。它的植株没有绿色叶片，几乎不能通过光合作用制造养分，生于林下腐殖质丰富的落叶层里。过去人们认为，珊瑚兰的营养方式是"腐生"，也就是从生物残体中获取有机营养。但是按照新的研究成果，这类"腐生植物"并非真正的腐生，而是通过真菌菌丝获取营养。因此包括珊瑚兰在内，很多过去被称为"腐生植物"的种类已经改称"菌根寄生植物"。

　　珊瑚兰寄生于革菌科真菌的菌丝上，这些真菌又寄生于桦木属等树木上。因此在相对郁闭的桦木林里，容易见到珊瑚兰。珊瑚兰被列为北京市二级保护植物，但如果桦木林遭到砍伐，它就无法生存，所以保护这一物种，就需要保护它所依赖的生境。

251

大花杓兰

拉丁学名：*Cypripedium macranthos*
别名：大口袋花
分类类群：兰科 杓兰属
形态特征：多年生草本，高 25 ～ 50 厘米，叶卵形，花通常紫红色或粉红色，花冠两侧对称，唇瓣囊状。
实用观察信息：生于中高海拔的林缘、亚高山草甸，在北京百花山、东灵山、海坨山、坡头林场等地可见，百花山的百花草甸最容易见到，散布于草丛中。花期 6 月至 7 月，为最佳观察时间。

大花杓兰是北京花冠最大的野生兰花，西方园艺学家已将它驯化为观赏花卉，但在北京，我们只能去山野之间观赏它的风姿。大花杓兰和其他一些杓兰都是依靠欺骗昆虫来传粉的。夏日的山间，有一些蜂类要寻找合适的栖身洞穴，大化杓兰特化的囊状花瓣称为"唇瓣"，它的形态在蜂的眼中和洞穴相似。蜂类钻进唇瓣里之后，先经过雌蕊的柱头，后接触雄蕊的花药：碰到柱头时，动物身上如果携带着上一朵花的花粉，就可以完成传粉；碰到花药时，新的花粉又会被带走，这样可以有效避免自花传粉。

此外，一些蜘蛛、甲虫等动物也可能会为大花杓兰传粉。由于唇瓣形似口袋，民间也把它称为"大口袋花"。大花杓兰被列为国家二级保护植物。它的寿命很长，但生长缓慢，种子从萌发到开花，需要 15 年以上的时间。除了靠种子繁殖，大花杓兰也会通过地下根状茎分枝而进行无性繁殖。

蜂类访问大花杓兰的花　　　　　　　大花杓兰的残破唇瓣

紫点杓兰（*Cypripedium guttatum*），植株形态和花形与大花杓兰相似，但花较小，花冠白色而带有紫色斑点。生境和花期与大花杓兰相似。它是国家二级保护植物。

山西杓兰（*Cypripedium shanxiense*），植株形态和花形与大花杓兰相似，但花稍小，花冠黄褐色。生境和花期与大花杓兰相似。它是国家二级保护植物。

紫点杓兰的花

紫点杓兰　　　　　　　　　山西杓兰的花

山西杓兰群落

255

手参

拉丁学名：*Gymnadenia conopsea*

别名：手掌参

分类类群：兰科 手参属

形态特征：多年生草本，高 20 ～ 60 厘米，总状花序，小花密集，花粉红色，花冠两侧对称。

实用观察信息：生于中高海拔山间的林缘、亚高山草甸，在北京百花山、白草畔、雾灵山、海坨山等地可见。花期 7 月至 8 月，为最佳观察时间。

手参的地下块茎为椭圆形，肉质，下部掌状分裂，形似手掌，因此得名。清代《本草纲目拾遗》一书引用了北宋时的一则记录："有客自打箭炉来，带有藏三七，名佛手参。俨如干麦冬而坚实，形小不大，作三叉指形，玲珑如手，故名。"这里说的可能就是手参。在亚洲、欧洲各地分布的手参，形态有一定差异，所以有的西方植物学家建议，原本手参这一物种可以拆分成数个彼此独立的物种。

由于手参具有"参"名，所以常有人采挖它的块茎。在 20 世纪末期，京郊也多有采挖手参用来炖鸡的情形。如今手参野生种群的生存受到很大威胁，它也已经被列为国家二级保护植物。

二叶舌唇兰

拉丁学名：*Platanthera chlorantha*

分类类群：兰科 舌唇兰属

形态特征：多年生草本，高30～50厘米，总状花序，花绿白色，花冠两侧对称，略呈十字形。

实用观察信息：生于中高海拔山间的林下、林缘、草坡，在北京西部和北部山区（如百花山、松山、玉渡山、小龙门林场等地）可见。花期6月至7月，为最佳观察时间。

二叶舌唇兰的花略呈十字形，上部盔状，两侧平伸，下部的唇瓣条形，如舌，基部有弯曲而细长的距。由于唇瓣的形态像是伸出的舌头，这一类兰花被称为"舌唇兰"。

清代《植物名实图考》中有一种"观音竹"，从绘图判断，很可能是二叶舌唇兰或舌唇兰属其他种类。该书中的描述是："一瓣长圆如小指甲，向上翘如首，下有三细尖瓣，下垂如足；复有一长瓣弯细如尾；白心点点，颇似青蛙翻肚。"

二叶舌唇兰的主要传粉昆虫是夜间活动的夜蛾等蛾类，花朵后部细长的距就是与蛾类细长的虹吸式口器相适应的。它会散发特殊的气味吸引蛾类，并通过蛾类来传递花粉块。

257

马蔺

拉丁学名：*Iris lactea*

别名：马莲花、马兰花

分类类群：鸢尾科 鸢尾属

形态特征：多年生草本，高10～50厘米，叶基生，条形略微旋拧，花蓝紫色，花被片细长，常具条纹。

实用观察信息：生于低中海拔的荒地、草丛、山坡、向阳的砂质地，北京市各地（如地坛公园、朝阳公园、奥林匹克森林公园、松山等地）都可能见到。花期4月至6月，为最佳观察时间。

　　马蔺在古代被称为"荔"，《说文解字》中称："荔，似蒲而小，根可为刷。"马蔺植株基部的老叶纤维可做刷子，用来刷马，所以古代也把它叫作马帚、铁扫帚，"马蔺"这个名称很可能是从"马荔"的读音转变而来的。

　　在北京及华北其他一些地方，民间常把马蔺读作 mǎ lian，因此后来也被写成了马莲、马兰（南方吃的野菜"马兰头"来自于菊科植物马兰，和马蔺并不相同）。在20世纪中后期，北京的小孩子在跳皮筋儿时，有一种玩法是边跳边念童谣："小皮球，香蕉梨，马莲开花二十一。"这里所指的就是马蔺。

马蔺的叶片细长，质地坚韧，可以用来编草绳。过去北京端午节时吃的粽子，很多都是用马蔺叶捆扎的。北京西城区有一处地名叫作"马连道"，有人认为这里在过去写作"马莲道"，就是因为生长了很多马蔺而得名。如今，马蔺在北京的很多公园、河畔、路边都常见栽种，是一种非常耐旱耐晒的地被植物。

马蔺的花冠底部生有蜜腺，蝶类、蛾类、蜂类前来取食，可以有效传粉。有时马蔺的花梗上爬有较多蚂蚁，它们会直接取食花蜜，而通常不会携带花粉，所以不能为马蔺传粉。

紫苞鸢尾（*Iris ruthenica*），又叫矮紫苞鸢尾，植株形态和花形与马蔺相似，但明显低矮。生于中海拔山区的草坡、路边、林缘，花期5月至6月。

野鸢尾（*Iris dichotoma*），又叫白花射干，叶剑形或镰刀形，相互套叠在同一平面，花白色或淡蓝紫色，有棕褐色的斑纹。花在下午开放，次日上午闭合。生于中海拔的山坡、岩壁石缝中，花期7月至8月。

紫苞鸢尾　　　　　　　　　　　　　　野鸢尾　　259

北黄花菜

拉丁学名：*Hemerocallis lilioasphodelus*
别名：黄花儿、野黄花菜
分类类群：阿福花科 萱草属
形态特征：多年生草本，高 20～60 厘米，叶基生，条形，花黄色，花被片 6 枚。
实用观察信息：生于中高海拔山间的草坡、林缘、亚高山草甸，在北京西部和北部山区（如东灵山、百花山、喇叭沟门等地）可见。花期 6 月至 7 月，为最佳观察时间。

北黄花菜所在的萱草属数种植物古时统称为"萱草"。汉末蔡文姬在《胡笳十八拍》中写道："对萱草兮忧不忘，弹鸣琴兮情何伤。"她在北方草原看到的并非真正的萱草，而是北黄花菜或其他近似物种。

北黄花菜和其他多种萱草属植物的花都是只开放一天的：上午花冠张开后，吸引传粉昆虫，到下午花冠就会渐渐闭合，基本在傍晚时已全部闭拢。无论是否完成了授粉，这朵花的花冠都不再张开。因此观赏北黄花菜的最佳时间，应当选择在中午前后。

北黄花菜和同属的小黄花菜在北京民间俗称"野黄花菜"或"黄花儿"。昌平区长峪城村附近的一片山坡，因在夏季生有很多北黄花菜，被称为"黄花坡"。北黄花菜和小黄花菜的花蕾可当作野菜食用。但二者全株都含有毒素，只有在烹饪时充分加热，才可以防止中毒，如处理不慎，可能引起恶心、腹泻、腹痛等症状。

　　野生的北黄花菜并没有特殊的香味或营养价值，不建议在野外采摘。若需食用，应选择菜市场或正规渠道销售的黄花菜（金针菜）。此外，城市里栽种的萱草虽然和黄花菜是近亲，但花蕾中毒素含量更多，不宜采食。

　　小黄花菜（*Hemerocallis minor*），植株形态和花形与北黄花菜相似，但在同一花序中通常仅有 1 ~ 2 朵花，偶尔有 3 朵花（北黄花菜通常具有 4 朵或更多的花）。生境和花期与北黄花菜相似。

　　黄花菜（*Hemerocallis citrina*），又名金针菜，植株形态和花形与北黄花菜相似，但在同一花序中，通常有多朵花，花被管较长，花被裂片狭长。据记载，北京及河北有野生的黄花菜，但近年来在京郊所见的几乎都为栽种个体。

黄花菜

小黄花菜的花

黄花菜的花

261

野韭

拉丁学名：*Allium ramosum*

别名：野韭菜

分类类群：石蒜科 葱属

形态特征：多年生草本，高 10～65 厘米，叶基生，三棱状条形，中空，伞形花序半球状，花白色，花被片 6 枚。

实用观察信息：生于低中海拔的山坡、草丛、石缝中，在北京西部和北部山区（如小龙门林场、长峪城、玉渡山等地）可见。花期 7 月至 9 月，为最佳观察时间。

古时把生于山野之间的多种葱属植物，统称为"山韭"。《本草纲目》中记载："山中往往有之，而人多不识。形性亦与家韭相类，但根白，叶如灯心苗耳。"在古代，野生韭的吃法也与韭菜相似。如今在京郊，野韭和其他一些野生的葱属植物被当作"野韭菜"食用，嫩叶用来做馅儿，花序可腌制成韭菜花。

位于京西门头沟区的北灵山，山上多产野韭，民间把此地俗称为"九山"，其中有一片地域被称作"韭菜坪"或"韭菜坡"。近年来，一些游客在这里过度采割野韭菜，导致野韭数量急剧减少，这种行为并不提倡。

山韭（*Allium senescens*），植株形态和花形与野韭相似，但

花序半球状至球状，花紫红色或淡紫红色。生境和花期与野韭相似。

薤白（*Allium macrostemon*），又叫小根蒜，植株形态与山韭相似，但花序中有时生有暗紫色珠芽，或全部都为珠芽而无花，珠芽在花序上就开始发育为新植株。生于低中海拔山地及平原地区，城市路边草丛中有时即可生长，花期通常 5 月至 6 月。

山韭

薤白的花序

薤白的珠芽

263

龙须菜

拉丁学名：*Asparagus schoberioides*

别名：雉隐天冬

分类类群：天门冬科 天门冬属

形态特征：多年生草本，高 50～100 厘米，叶状枝 3～4 枚成簇，窄条形镰刀状，雌雄异株，花 2～4 朵腋生，黄绿色。

实用观察信息：生于低中海拔的山间草坡、林下，在北京山区（如小龙门林场、松山、海坨山、琉璃庙等地）可见。花期 5 月至 6 月，果期 7 月至 9 月，其间都适宜观察。

最初"龙须菜"可能指的是某种海藻，也曾指菝葜属植物，但从清代开始，这个名字渐渐指向如今的龙须菜。明末清初《析津日记》等书中说，在北京天坛能采到龙须菜，清明节之后就会有人采来出售，它的嫩茎吃起来口感清脆，是京城著名时蔬。

龙须菜又叫"雉隐天冬"，指的是夏秋时它的植株能够长成一丛，分枝开展，可以藏得下一只雉鸡。但在春季，龙须菜刚刚生出嫩芽时是笋状的，采食的也是这样的嫩芽。由于龙须菜和作为蔬菜的芦笋是近亲，都是天门冬属植物，因此它的嫩芽和芦笋的味道也比较相近。

春季初生的龙须菜嫩芽上，有时可以见到蚂蚁，它们可能将

龙须菜植株（果实未成熟时）　　　　　　秋季龙须菜的果枝

鲜嫩的鳞片状叶或茎上的"软骨质齿"作为食物。秋季龙须菜的果实成熟时红色，在林间比较醒目，可以吸引鸟兽前来取食。

春季龙须菜的嫩芽　　　　　　蚂蚁在龙须菜嫩芽上取食

265

铃兰

拉丁学名：*Convallaria majalis*

别名：君影草、铃铛花

分类类群：天门冬科 铃兰属

形态特征：多年生草本，高 18～30 厘米，总状花序偏向一侧，花下垂，白色，花冠钟形，花被边缘 6 浅裂。

实用观察信息：生于中高海拔山间林下、沟边、林缘，在北京西部和北部山区（如小龙门林场、东灵山、百花山、白草畔等地）可见。花期 5 月至 6 月，为最佳观察时间。

由于铃兰形态美观，具有芳香气味，欧洲等地的园艺学家早已把它当作园艺花卉栽种，并培育出了重瓣和花冠淡紫红色的品种。近年来，我国也有人栽种铃兰，还可以把它用作鲜切花。

铃兰具有耐阴耐寒的特性，但是怕热怕旱，在花园中通常栽种于树荫下。铃兰的园艺品种通常经过驯化和改良，花量更大，也易于栽种，因此没有必要去挖掘野生植株栽种。铃兰的果实为红色浆果，具有毒性，栽种时应特别留意，以防小孩子或宠物误食。

铃兰全株有毒，除果实外，嫩叶也容易被人误食。京郊有些可食野菜的嫩叶与铃兰相似，有时很难区分。因此，建议非必需时不要随意采摘野菜。

267

舞鹤草

拉丁学名：*Maianthemum bifolium*

别名：二叶舞鹤草

分类类群：天门冬科 舞鹤草属

形态特征：多年生草本，高 8 ~ 25 厘米，茎生叶通常 2 枚，总状花序直立，花白色，花被片 4 枚。

实用观察信息：生于中高海拔山间林下、沟边，在北京西部和北部山区（如小龙门林场、百花山、玉渡山、海坨山等地）可见。花期 5 月至 7 月，为最佳观察时间。

舞鹤草的地下根状茎细长横生，常有侧芽，因此在一片树林下，舞鹤草往往聚集在一起，形成一个小群落，相邻的数株很可能来自同一地下根状茎。在非花期时，舞鹤草的植株只有一片基生叶；即将进入花期时，这片基生叶会枯萎，在直立的茎上，通常生出两片新的茎生叶。因此，舞鹤草也被称为"二叶舞鹤草"。

日本人认为舞鹤草的叶片形状和纹路，像传统花纹中的"舞鹤纹"，所以叫它舞鹤草。它的中文名称来源可能也与此有关。

舞鹤草适宜林下的弱光环境，蝇类是它的主要传粉者。它的果实成熟时红色，内含毒素，应避免误食。但鸟类会取食它的果实，并通过粪便来传播种子。

玉竹

拉丁学名：*Polygonatum odoratum*
别名：铃铛菜
分类类群：天门冬科 黄精属
形态特征：多年生草本，高20～50厘米，地上茎常偏向一侧，花1～4朵腋生，下垂，白色或黄绿色。
实用观察信息：生于中高海拔的林下、林缘、草坡，在北京西部和北部山区（如小龙门林场、东灵山、百花山、松山等地）可见。花期5月至7月，为最佳观察时间。

玉竹在古时叫作"葳蕤"，被看作祥瑞之草，如果帝王遵守礼仪，勤政爱民，这种植物就会生于殿前。《本草纲目》中说，"葳蕤"原本的词义是"草木叶垂之貌"，由于玉竹的地下根状茎长而多须，就像古人头戴的冠缨下垂的样子，"缕而有威仪"，因此得名。

玉竹的地下根状茎长而横走，可以食用，在古代被当作滋补品。有人认为，三国时的名医华佗传授给弟子一味养生的补药，所用的材料就是玉竹，但这种说法仅是传言，并无真凭实据。玉竹在京郊俗称"铃铛菜"，因花形似悬垂的铃铛而得名。在京郊民间有一则故事，旧时地主想要采玉竹来滋补，却误食有毒的乌头而死。由此可以看出，玉竹易与其他有毒植物混淆，不建议盲目采食。

黄精

拉丁学名：*Polygonatum sibiricum*

别名：鸡头黄精

分类类群：天门冬科 黄精属

形态特征：多年生草本，高 50 ～ 90 厘米，叶 4 ～ 6 枚轮生，叶尖钩状，花序腋生，花下垂，白色或黄白色。

实用观察信息：生于低中海拔的山坡、林下、灌丛，在北京山区（如香山、上方山、松山、小龙门林场等地）可见。花期 5 月至 6 月，为最佳观察时间。

黄精的根茎粗壮，圆柱状，结节膨大，富含多糖类物质，可以食用。古人认为常服黄精有助于得道成仙，晋代《抱朴子》一书中说它"得坤之气，获天地之精"，古人以黄色代表坤卦，"黄精"一名由此而来。古时修道之人追捧黄精，杜甫就曾在诗中写过"三春湿黄精，一食生毛羽"，但实际上黄精并无神效，仅能充饥。

京郊的黄精也常被人采挖，当作山货贩卖。例如在 20 世纪末期，房山区上方山就有"上方山三宝"之说，它们是黄精、拐枣、香椿。这里的黄精由于过度采挖，已很难见到高大的植株。如今，黄精已被列为北京市二级保护植物。

鸭跖草

拉丁学名：*Commelina communis*

别名：竹叶菜

分类类群：鸭跖草科 鸭跖草属

形态特征：一年生草本，高 15～40 厘米，茎常匍匐，花蓝色，花瓣 3 枚，内面 2 枚具爪，深蓝色，外面 1 枚较小，白色。

实用观察信息：生于低中海拔的草丛、路旁、沟边、山间阴湿处、房前屋后，北京市各地（如各大公园、校园、小区中）都很常见。花期 6 月至 9 月，为最佳观察时间。

《本草纲目》之中称鸭跖草"花如蛾形，两叶如翅，碧色可爱"，像是会飞的昆虫，因而古人又把它称为"碧蝉花"。由于鸭跖草的茎叶与竹子相似，所以又名"竹叶菜"或"碧竹子"。古人也用鸭跖草汁液作为颜料，用来染青碧色。例如明代时就有人用它作画或者染羊皮灯。

鸭跖草的花有 6 枚雄蕊，3 长 3 短，其中 3 枚短雄蕊不可育，花药鲜黄色，与 2 枚蓝色花瓣共同起到吸引传粉昆虫的作用，3 枚长雄蕊可育。此外，鸭跖草的花含水量较高，每天早晨开放，遇到日晒后常会蜷曲萎蔫，最好选在上午或背阴处观察。

鸭跖草的名字中，"跖"读作 zhí，不应误称为"鸭拓草"。

271

中文名索引

拉丁学名索引

275

277